양자물리학과
깨달음의 미래

양자물리학과 깨달음의 미래

펴 낸 날 _2018년 9월 7일

지 은 이 _양호직, 양철곤
펴 낸 이 _최지숙
편집주간 _이기성
편집팀장 _이윤숙
기획편집 _이민선, 최유윤, 정은지
표지디자인 _이민선
책임마케팅 _임용섭
펴 낸 곳 _도서출판 생각나눔
출판등록 _제 2008-000008호
주   소 _서울 마포구 동교로 18길 41, 한경빌딩 2층
전   화 _02-325-5100
팩   스 _02-325-5101
홈페이지 _www.생각나눔.kr
이 메 일 _bookmain@think-book.com

- 책값은 표지 뒷면에 표기되어 있습니다.
  ISBN 978-89-6489-891-8 03420

- 이 도서의 국립중앙도서관 출판 시 도서목록(CIP)은 서지정보유통지원시스템 홈페이지
  (http://seoji.nl.go.kr)와 국가자료공동목록시스템(http://www.nl.go.kr/kolisnet)에서
  이용하실 수 있습니다(CIP제어번호: CIP2018027408).

과 학 과 종 교 를 하 나 로 녹 여 쓴 마 음 경 영 서

양자물리학과
깨달음의 미래

양호직 · 양철곤 지음

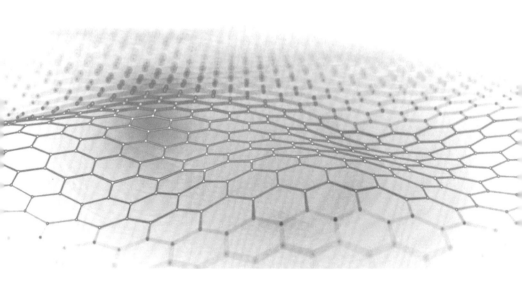

"과학 및 물리학 연구를 하면서 나의 주된 관심은 일반적인 실재의 본성과 더불어 특별히 의식을 일관된 전체로서 이해하는 것이었다. 이 이해는 결코 완성된 정지 상태가 아니라 운동과 펼침의 끊임없는 과정이다."

−데이비드 봄−

생각나눔

양자 물리학과 깨달음의 미래

서문

『양자물리학과 깨달음의 미래』에서는 과거로부터 지금까지 이어져 내려오는 깨달음의 길로 가기 위해 필수적으로 여겨지며 해오던 명상의 본질(핵심)에 대해 자세하게 서술하고, 명상(선정禪定)만으로는 지혜가 완성되지 않기 때문에 깨달음의 궁극인 해탈의 경지에 도달할 수 없다는 진실을 명확하게 밝히고 있다. 아울러 깨달음의 대상을 진여의 성품인 '원리'라는 사실을 말하고 원리를 하나로 회통시킴으로써 견성으로 가는 지름길(깨달음으로 가는 지도)을 제시하고 있다. 이로써 명상으로 인해 발생하는 많은 부작용(마구니 장애)과 별도의 조용한 장소와 시간을 최소화하였고, 특히 신비주의에 빠지는 것을 완전하게 방지하였다.

따라서 내 생각을 버리고 무심(바라는 마음을 버리고 다만 최선을 다하는 것)으로 이 길을 따라가다 보면 순수한 의심이 생기고 풀어지는 과정을 거치면서 시절 인연과 마주치면 목적지(해탈)가 저절로 드러난다.

이 책은 깨달음의 대상인 원리(진여의 성품, 진리)에 관한 내용을 '데이비드 봄'의 양자이론과 회통시켜 서술하였다. 특히, 같은 의미를 표현 방식을 달리하고 깨달음의 인연을 다양하게 하기 위해 신구세대인 양호직, 양철곤 두 사람을 공동저자로 함으로써 이해도를 더욱 높이는 반면 이 공부의 특징인 반복 학습을 통해 3차원 현상계의 개념(지식)에 고정되어 고차원인 미시세계(깨달음의 세계)의 개념으로 전환하는 데 있어 장애물이었던 무명無明(아상我相, 알음알이, 내 생각, 업業, 지식, 고정관념)을 가장 빠른 시간에 제거하고 깨달음을 체득할 수 있게 하였다.

깨달음의 세계에 들기 위해 많은 수행의 방편이 있다. 수행의 과정에 일어나는 신비스러운 일들(초능력)은 본래 누구에게나 무의식에 다 갖추어져 있으나 우리는 3차원에 알맞게 진화되었기 때문에 쓰는 방법을 모를 뿐이다. 이러한 초능력을 계발하기 위해서 주로 많이 하는 것이 바로 명상이다. 명상수행에도 많은 방법이 있으나 가장 많이 하는 것이 호흡법(수식관數息觀)이다.

깨달음으로 가는 수행방법(길)은 다 다르나 신비스러운 초능력은 수행 중에는 거의 같게 나타나며, 수행의 궁극에 도달하면 오히려 초능력을 쓰는 것이 진정한 깨달음으로 가는 길이 아님을 깨닫고 평상심으로 되돌아오게 된다. 다시 말해서 초능력은 지혜를 완성시켜 삶의 고통으로부터 자유로워지는 해탈과는 무관하다는 진실을 깨닫는다는 말이다.

　우리가 현실을 살아가는 데는 고통으로부터 자유로워지는 삶의 지혜가 필요하다.

　필자가 말하는 진여의 성품인 원리를 깨닫고 지혜를 완성시키는 일은 명상(선정)수행으로 인해 발생하는 많은 부작용이 없을 뿐만 아니라 원리는 모든 것과 하나로 통하기 때문에 많은 학문을 할 필요가 없어지므로 깨달음의 지름길로 감으로써 어떠한 수행 방편보다 간결하여 혼란스럽지 않고 많은 시간을 필요로 하지 않는다.

　『양자물리학과 깨달음의 미래』에 실린 글은 본래 항상恒常한 진리(진여)를 깨닫게 하는 하나의 방편이며, 고차원인 깨달음의 세계는 3차원의 현상계(물질계)에 연기緣起되어 진화된 인간의 어떠한 개념도 떠나있다. 깨달음으로 가는 공부의 성패는 이 사실을 내가 얼마나 진실되게 믿고 따르느냐에 달려있다.

　이 공부는 믿음으로 시작해서 믿음으로 끝나는 공부다.

진실로 믿기 위해서는 '나(자아)'를 죽여야 가능하다. 이 공부는 '나'를 죽이는 공부다. 명상의 본질도 믿음이 바탕이 되어야 궁극에 도달할 수 있다. '나'를 죽이는 일은 의식적(의도적)으로 되는 일이 아니다. 진여의 성품인 원리(진리)를 깨달아 본래의 자리(진여본성眞如本性)를 회복(되돌아감)하여야 한다.

이 책에 실린 글은 필자의 생각이 만들어낸 것이 아니다. 필자는 오직 진리를 언어 문자로 드러내고 깨달음의 길로 가는 안내자의 역할을 했을 뿐이다. 따라서 이 글의 내용과 내 생각과 싸우지 말고 하느님과 부처님을 믿고 따르듯이 하면 깨달음으로 가는 시간이 많이 절약될 것이다.

이 공부의 핵심도 나를 죽이는 일이요, 나를 죽이고 나면 모든 일은 자동적으로 다 해결된다.

6 바라밀과 양심적으로 세상을 살아가는 일도 나를 죽이면 저절로 되는 일이다. 내가 없어지면 이기심이 없어지고 바라는 마음이 없어져 무심無心이 되기 때문이다.

원리를 깨닫는 공부는 4차원 이상 고차원이기 때문에 우리가 가지고 있는 어떠한 개념과도 맞지 않는다. 예를 들어 3차원의 현상계(거시세계)에서는 있는 것(물질, 입자)과 없는 것(비물질, 파동)은 상반되는 개념으로서 분명하게 구별된다. 그러나 원리를 깨닫는 깨달음의 세계에서는 3차원을 벗어난 고차원의 세계인 미시세계를 대상으로 하기 때문에 있는 것과 없는 것을 같다(다르지 않다)고 말한다. 이것이 "색즉시공色卽是空 공즉시색空卽是色"이다. 이 현상을 있는 그대로 받아들이는 가운데 '이 뭐고'라는 순수하고 강력한(간절한) 의심이 일어나야 한다는 말이다. 이때 가장 중요한 것은 자기가 이미 알고 있던 어떠한 개념(내 생각, 알음알이, 지식)으로도 헤아려 따로 살림을 차리면 안 된다. 다만 "왜 그럴까?"라고 하는 순수한 의심 길만 따라가야 한다.

  이렇게 공부하기 위해서는 원리(진리)에 대한 절대적인 믿음이 필요하다. 믿는 마음이란? 내 생각을 죽이고 있는 그대로를 긍정적으로 받아들이는 것을 말한다. 믿음으로 생기는 의심은 그것이 바로 명상이고, 화두참구다. 이러한 공부의 자세가 깨달음을 얻는 데 있어 가장 중요하다.

  깨달은 후의 믿음이란? 원리(진여, 진리, 원리, 하나님, 부처, 법)를 깨달아 진여의 성품(불성佛性, 중도中道, 본래 자리, 본래 성품)을 회복함으로써 지혜가 충만하기 때문에 어떤 어려운 일을 만나도 염려하거나 두려워하지 않는 것이다.

믿음은 깨달음을 완성시키고 깨달음은 믿음을 완성시킨다.

공부로 인해 원리를 깨닫는 데는 3단계가 있다.

1단계에서는 원리를 잘 이해하는 단계로서 마음의 움직임을 조금 늦게 알아차리고 의식적으로 실천하기는 하나, 아직은 그 힘이 약하므로 작은 경계(여건, 대상, 객관, 고통)에는 걸리지 않으나 중간 정도 이상의 경계를 만나면 걸리게 된다. 이때에는 낮은 수준의 지혜만 생기므로 주어지는 여건에 대처하는 능력이 아직은 미숙하다. 자동차에 비유한다면 변속기가 있는 수동차를 말한다.

2단계에서는 원리 하나하나에 대한 깨달음은 있으나 아직은 회통이 되지 않은 단계로서, 마음의 움직임을 빨리 알아차리고 작은 경계는 무의식적(자동적)으로 잘 대처해 나갈 수 있으나 중간 정도 이상의 경계는 아직은 의식적으로 해야 하므로 경계에 걸리기도 한다. 이 단계에서의 지혜는 실천할 수 있는 힘이 강한 편이다.

오토매틱(자동) 자동차에 해당한다.

3단계에서는 원리 전체를 하나로 회통(큰 깨달음, 확철대오)시킨 단계로서, 지혜가 거의 완성되기 때문에 알아차림과 동시에 지혜가 작동됨으로써 사실상 알아차려야 할 대상이 조금은 남아 있으나 없어지는 것과 같다. 큰 경계가 와도 거의 걸리지 않는다. 3단계의 깨달음은 무인자동차에 비유된다. 그러나 필자의 경험으로는 여기서 공부가 끝나는 것이 아니라 오히려 이때부터 진정한 공부는 시작이다. 다시 말해서 수행(보살도의 실천)의 시작이라는 말이다. 수행은 끝이 없다. 부처님께서도 말씀하시기를 "부처가 중생의 나락으로 떨어지는 것은 한순간이다."라고 말씀하시면서 "정진하고 또 정진하라!" 하셨다.

필자는 공부(원리를 깨달음)와 수행(지혜의 실천, 보살도)을 함께하는 것을 원칙으로 한다. 공부를 함과 동시에 일상의 모든 것을 수행의 문(스승)으로 삼는다는 뜻이다. 이렇게 하면 공부가 갈수록 점점 더 깊어진다. 원리를 회통하고 나서도 수행을 하면 할수록 깨달음의 깊이는 한없이 깊어진다. 통찰력이 깊고 넓어진다는 뜻이다. 다시 말해서 통찰력(직관력)이 깊고 넓어질수록 우주를 꿰뚫어 보는 힘과 보살행을 실천하는 힘이 강력해진다는 말이다.

— 如海여해 慧山혜산 楊澈坤양철곤 —

머리말

그동안 필자가 이 공부를 할 수 있도록 이끌어 주신 아버지이자 혜산 선생님의 책을 읽고 공부해 오며, 여러 해 동안 마음공부와 깨달음을 주제로 한 대화를 통하여 저는 내 삶의 많은 점에서 실질적인 내면의 변화와 성장을 경험하였습니다. 자신과 관련된 문제들은 늘 마음공부를 통해 당시의 깨달음 수준에서 대입하여 풀어가는 연습이 자연스럽게 일상이 되었고, 그 과정에서 현실 차원에서의 벌어진 상황들에 대해 받아들이는 저의 관점과 태도가 바뀌었으며, 결과적으로 스스로가 이런 상황에서 더욱 지혜로운 처신을 할 수 있었고, 더불어 지속적으로 정신적, 영적 성장이 진행되고 있음을 시시각각 체험하며 살아가고 있습니다.

처음에는 나 자신의 문제와 상황에 국한되어 마음공부를 통한 깨우침으로 풀어가던 일상들이 점차 타인의 문제를 함께 고민하고 풀어가는 방향으로 확대되었습니다. 당시에 필자의 직업상 주 업무 중 하나가 프로 골프선수들의 체력을 관리하고 관련 운동을 지도하는 트레이너여서 운동지도와 함께 자연스럽게 이들과 꽤 많은 시간 대화를 나누었습니다.

가벼운 주제로 시작되었던 대화들이 어느덧 점차 깊은 얘기로 이어지며 어린 나이부터 골프 하나만을 위해 쉼 없이 달려온 이들이 겪는 정신적 스트레스 상황과 프로골프 선수로서 성공을 위한 목표 달성을 위해 스스로가 동기를 유지하고 향상시키는 데 대한 고민들이 대화의 중심 주제가 되었고, 필자는 자연스럽게 이들의 고민과 현 상황의 문제에 대하여 제가 공부해 오던 마음공부를 통한 깨달음의 공식들을 활용하여 이들에게 조언을 해 주게 되었습니다.

당시에는 그 선수들과의 대화를 통해서 이들이 조금이나마 마음의 위안과 함께 용기를 북돋워 주고자 하는 것이 주목적이었습니다. 그런데 이런 대화의 시간이 점차 늘어감에 따라 두 가지 측면에서 인상적인 경험을 하였습니다.

첫째는 이 선수들과 대화를 하면서 그동안 공부해 왔던 내용이 오히려 나 스스로가 머리로만 이해하던 상황들을 더욱 확실하게 체득할 수 있는 매우 강한 복습 효과(자기 강화)를 낳았습니다. 필자가 얘기해 주었던 조언을 듣고 그대로 실천했던 선수들은 자신의 행동과 태도의 변화가 생겼고 그것이 경기에서 좋은 결과로 이어졌으며 그것을 함께 지켜본 필자 또한 '이게 정말 되는구나!'라는 확신들이 여러 상황에서 증명되고 축적되었기 때문입니다.

둘째는 위의 과정이 점점 더 많아지고 경험이 쌓이게 되면서 타인을 진심으로 위하고 생각하는 것이 곧 나를 위한 것임을 경험을 통하여 확실하게 체득하게 된 것입니다. 필자가 주로 지도했던 프로 골프 선수들은 이제 갓 20대에 들어선 여자 선수들이었고, 이들의 나이와 상황에서 일어날 수 있는 상황들 또한 우리가 살아가는 여러 상황과 큰 테두리에서는 크게 다르지 않았기 때문에 나의 삶의 과정에서 부딪혔던 상황에서의 지혜가 이들에게도 동일하게 적용되었습니다. 결과적으로는 대부분의 상황에서 매우 좋은 결과를 가져왔고, 그것이 골프트레이너로서의 성공적인 바탕이 되었음은 필자가 지도했던 선수들의 결과로 증명되었습니다. (사족이지만 필자가 지도한 한 여자 프로선수는 저와 체력훈련과 대화를 통한 멘탈 트레이닝을 해 온 6년의 기간 동안 국내 KLPGA에서 5승을 거두고 미국 LPGA로 가서 다시 7승의 성적을 올렸고, 또 다른 선수는 2년간의 긴 슬럼프에서 벗어나 그해 KLPGA 준우승 1회와 다음 해(2017년) 우승 1회 및 올해(2018년)도 우승과 준우승의 성적을 거두고 있습니다.)

이러한 과정이 아주 오랜 시간을 투자하여 별도의 명상을 하거나 그 외의 심상기법이나 심리상담기법을 기반으로 한 것은 아닙니다. 그저 일상적인 대화 속에서 이들의 상황에서 필요하다 판단되는 부분을 진리(원리)를 바탕으로 한 삶의 지혜를 이끌어 내는 데 대한 본인의 태도와 생각의 변화에 집중했을 때 어떤 결과의 변화가 일어나는가에 대하여 이야기하였습니다.

결국, 이 모든 것은 상황(경계에 부딪힘)에 대한 내 생각의 변화와 그에 따른 스스로의 태도의 변화가 핵심입니다. 필자와의 대화를 통해 선수들이 골프를 직업으로서 또는 목표 성취를 위한 수단으로서 성취해 나가는 과정에서 이것들을 대하는 자신들의 태도에 큰 변화를 주었다는 것입니다.

혜산 선생님이 그동안 집필한 책을 바탕으로 공부해 오면서 저 스스로의 변화와 저를 통한 타인들의 변화를 이끌어 낸 경험들과 핵심적인 원리들을 우리의 현상적, 물질적, 의식의 차원에서 어떻게 연결하여 자신의 삶에 적용되는지에 대하여 독자 여러분 스스로가 위의 골프 선수들의 변화처럼 여러분의 삶에서 좀 더 현실에 반영하기 쉬우면서도 확실한 방법을 공유하기 위하여 이 책의 공동저자로 참여하게 되었습니다.

이번 책의 내용은 이전 혜산 선생님의 책의 내용에서 가장 근본적이고 핵심적인 내용만을 집중적으로 다루었습니다. 세상의 근본에 대하여 과학적 측면과 깨달음의 측면에서 가장 알맹이만을 대상으로 하여 글을 풀어 놓았습니다. 세상의 원리를 '깨닫고', '체득하고', '실천하는' 것에 대한 내용을 현시대에서 이해하고 배우고 내 삶에 적용할 수 있도록 압축해 놓은 책입니다. 그래서 내용이 바로 이해되기 어렵거나 생소한 부분들이 있을 수 있습니다. 이 책의 핵심원리를 자신의 일상에 대입하여 생각하는 방식으로 반복하는 습관을 들여보면 어느덧 원리가 자신의 삶에 그대로 적용되어가는 희열을 맛볼 수 있을 것이며, 이로써 이 책의 역할을 다 했다고 할 것입니다.

인간의 역사 속에서 수없이 펼쳐지고 빠르게 기록되고 변화되는 모든 것들 속에서 핵심적 진리와 원리들을 다시금 찾고 정리하는 이 공부가 독자 여러분께 더욱 실질적인 접근에서의 도움될 수 있는 길잡이 역할을 하고 싶습니다. 이 책이 여러분 삶의 궁극에 다가서는 데 좋은 나침반으로 활용이 되길 바라며….

— 如泉여천 普光보광 楊皓稙양호직 —

필자가 하고 싶은 말

무엇을 가르칠 때 핵심적인 원리를 가르쳐 지름길로 안내하는 경우가 있고, 원리와 함께 부수적인 다른 많은 것을 함께 가르쳐 멀리 돌아가는 길로 안내하는 경우가 있다. 지름길로 안내하는 경우는 이타적인 사람, 즉 보살행을 하는 사람이고 멀리 돌아가는 길로 안내하는 사람은 중생(이기적)이다.

가장 문제가 되는 것은 핵심 원리를 모르고(깨달음의 경험이 없는 사람, 착각도인) 자신이 배워 지식으로 가지고 있는 것을 이기적인 마음(돈벌이 수단)으로 깨달음의 길로 안내하는 사람이다.

깨달음(수행)에 관한 가르침의 내용은 너무나 방대하기 때문에 많은 시간이 필요할 뿐만 아니라 오히려 혼돈 속으로 빠져들어 포기하거나, 외도外道로 가는가 하면 명상의 부작용으로 인해 마구니 장애를 입는 경우와, 신비주의에 빠지거나, 깨달음(법法)을 자기 것으로 삼아 다른 것을 배척하는 법상法相이 생기거나, 공병空病(선병禪病, 허무주의)에 걸리는 경우가 많았다. 필자는 이 모든 것의 부작용으로부터 자유로워지게 하는 핵심 원리를 찾음으로써 이해도를 높이고 깨달음으로 가는 지름길을 분명하게 제시하였다.

핵심 원리를 찾기 위해서는 모든 것의 공통점(보편타당성)이 무엇인가를 찾아야 했고, 공통점은 반드시 하나로부터 시작되어야 가능하다는 사실을 깨닫게 되었다. 따라서 우주(자연, 현상계)의 최초가 무엇인지를 알기 위해 종교적인 공부를 비롯해 과학을 병행하였다.

깨달음이 무엇인지를 찾기 위해서는 불교(석가모니), 기독교(예수 그리스도), 이슬람(무함마드), 유교(공자), 도교(노자, 장자) 등 종교의 교조의 삶을 살펴야 했다. 특히, 석가모니 부처님의 깨달음의 내용과 삶을 가장 많이 살폈다.

불교는 대승불교와 소승불교(초기불교)의 가르침이 있는데 가고자 하는 방향이 너무나 달라서 대승과 소승을 하나로 회통시켜 지금의 현실에 가장 적합하게 하였다.

그동안 깨달음의 세계(형이상학)와 과학의 세계(형이하학)는 서로 화합하지 못하고 평행선을 달려왔다. 그러나 20세기에 접어들면서 만물의 근본물질인 소립자의 이중성을 발견하고 발달하기 시작한 양자물리학의 등장은 둘을 서서히 다가가게 하였다.

불교의 『반야심경般若心經』에서 말하고 있는 "색즉시공色卽是空 공즉시색空卽是色"은 바로 '소립자의 이중성'을 과학이 너무나 정확하게 찾아낸 진실이기 때문이다.

이런 과정에 발견한 내용은 다음과 같다.

1. 깨달음이란? 통찰력, 직관력으로 모든 것의 진실을 단박에 꿰뚫어 아는 것이기 때문에 다른 학문과 달라서 연구하고 분석해서 이론적으로 증명하는 것이 아니라 현상계를 있는 그대로 받아들여 느낌으로 체득體得(증득證得)하는 것이다. 따라서 지나치게 많은 것을 지식적(학문적, 알음알이, 개념적)으로 가지고 있는 것은 오히려 깨달음에 도움이 되지 않는다. 나도 모르게 내 생각으로 헤아려 따로 살림을 차리기 때문에 무심으로 공부하기가 매우 어렵다. 있는 그대로를 받아들이는 것은 내 생각(무명無明, 아상我相)이 개입되지 않으므로 온전한 진실이지만 학문은 학설로서 인간의 생각이 개입되므로 다른 학설이 나와 인정을 받으

면 계속 바뀌므로 온전한 진실이라고 확정하기가 어렵다.

따라서 필자는 있는 그대로의 진실(진리), 즉 '진여眞如(본래 자리)'를 찾기 위해 진여를 에워싸고 있는 인간의 모든 알음알이를 하나씩 벗겨내는(털어내는) 작업을 하였다. 그 결과 진여에는 어떠한 인간의 개념도 붙을 수 없다는 사실을 확실히 깨닫게 되었다. 진여는 거대한 에너지로서 끊임없이 알아차리고 작용(움직임)만 하며, 아무렇게나 작용하는 것이 아니라 진여의 성품인 '중도中道(대 화합, 대 융합)'로 모든 것을 창조한다는 진실을 체득하였다. 필자는 '진여의 성품'을 '원리(진리)'라 이름한다. 이러한 이유로 깨달음의 대상은 '원리'다. 지금까지 깨달음의 대상이 무엇이라고 확실하게 말한 것은 없는 것으로 안다. 부처님께서 보리수나무 아래에서 깊은 사색에 잠겨 깨달으신 것도 '연기緣起의 원리'다.

진여 그 자체는 너무나 오묘하고 불가사의해서 무어라 단정지어 말할 수가 없기 때문에 과거 선사禪師들이 법法, 부처(불성佛性), 마음, 본래 자리 등 진여에 관해 물으면 말로 설명해 주지 않고 진여의 작용(행동)인 할喝, 봉棒 권拳, 주장자拄杖子 법문, 선문답禪問答 등으로 답을 대신한 것도 이러한 까닭에서다. 그러나 진여의 성품에 대해서는 확실하게 말할 수 있다.

배고프면 밥 먹을 줄 알고, 피곤하면 잠잘 줄 알고, 좋으면 좋다는 것을 알고 나쁘면 나쁘다는 것을 아는 것과 같이 우리가 하는 모든 행위는 진여가 있는 그대로를 다 알아차리고(전지全知) 작용하는 능력(전능全能)이 있기 때문에 가능하다.

깨달음의 대상인 원리를 모르면 우리가 모든 것(고통)으로부터 자유로워지는 해탈의 경지에 도달할 수 없는 것은 물론이고, 행복(만족)해지는 정보를 아무리 많이 알아도 실천할 수 있는 힘이 부족하여 인생을 불행하게 살아가는 원인이 된다. "비교하지 마라, 범사에 감사하라, 무심으로 살아가라, 만족하라." 이것을 몰라서 불행한 것이 아니라 의식적으로 하려 해도 잘되지 않는다. 그러나 원리를 깨달으면 깨달음의 깊이만큼 비례해서 힘들이지 않고 자연스럽게 되며 이것을 불교에서는 '바라밀 수행'이라 한다. 바라밀이란? 완성을 이르는 말이다. 참는 일을 의식적으로 하면 건강도 나빠지지만 언젠가는 더 크게 폭발한다. '인욕忍辱바라밀'은 어떠한 경우에도 참아야 할 대상(경계)이 아예 없어지는 것이다. 그래서 참아야 할 일이 없다.

원리는 너무나 간단하고 명료해서 공부의 양이 많지 않기 때문에 이해하는 데 필요한 시간은 매우 짧고, 이해한 내용을 깨달음으로 체득(회통會通)하는 데는 사람마다 시간차가 있으나 이 일 또한 과거의 수행 방편에 비하면 매우 짧다.

필자는 원리를 이해하고 확실하게 깨닫는 데 필요한 과정은 '공부'라 하고, 깨달음의 내용(완성된 중도의 지혜, 무심)을 실천함에 있어 끊어지지 않게 하는 과정을 '수행'이라 한다. 수행을 하는 과정에 깨달음의 깊이는 점점 더 깊어지고, 무심無心(중도中道, 지혜)으로 살아가는 힘은 계속 증장된다. 이것은 믿음이 점차로 더 확실해지기 때문이다. 이와 같은 이유에서 필자는 '돈오돈수頓悟頓修'와 '돈오점수頓悟漸修'를 두고 어느 하나만이 옳다고 주장하는 것에 대해서는 둘 다 바르지 못한 견해로 본다. 무엇이 되었든 나누어 분별해서 취하고 버리는 것(이원성二元性)은 서로 화합(융합)하는 중도에 어긋나기 때문이다. 과거로부터 지금까지 돈수와 점수를 가지고 얼마나 논쟁을 하고 있는가. 시끄럽다.

이것은 마치 자전거 타기를 배우는 방법에 있어 여러 번 넘어져 가며 타는 법을 배웠는지 또는 별다른 시행착오 없이 거의 대번에 탈 줄 아는 법을 배웠는지에 대하여 논쟁하는 것과 별반 다를 바 없다. 중요한 것은 과정이 아니라 자전거를 탈 줄 아는지 아닌지이기 때문이다.

원리는 팔만사천법문은 물론 다른 모든 것과 하나로 통하기 때문에(회통會通) 원리를 깨달아 체득(증득)하면 원리를 체득하는 공부에 있어서는 더 이상 배울 것이 없는 무학無學의 경지에 오르게 된다.

필자의 저서 『자기계발과 선禪의 만남』, 『양자물리학과 깨달음의 세계』에는 지금에 가장 알맞은 깨달음의 새로운 방편을 제시해 놓기는 하였으나 과거로부터 지금까지 전통적(고전, 경전)으로 전해져 내려오는 명상을 비롯해 많은 선각자의 깨달음의 내용을 참고로 알아야 할 필요성이 있기에 함께 기술하였으나 여기서는 온전히 필자의 독창적인 내용만을 핵심으로 드러내기 위해 깨달음의 내용과 원리(용어)에 대한 자세한 의미를 서술하지 않았기 때문에 글의 양도 적을 뿐만 아니라 책 전체가 화두의 성격을 지니고 있으므로 필자가 어떠한 의미로 깨달음의 길을 안내하고 있는지 깊게 참구(사색, 정독)해야 할 것이다.

그러므로 『양자물리학과 깨달음의 미래』를 더 선명하게 이해하기 위해서는 필자의 저서 『자기계발과 선禪의 만남』, 『양자물리학과 깨달음의 세계』를 먼저 이해하는 것이 순서에 맞을 것이다.

지금 학자들과 수행자 사이에 전통적인 수행 방편(간화선, 화두참구, 명상)을 이제는 바꾸어야 한다는 여론은 있으나, 어떻게 바꾸어야 할지에 대한 대안은 아직 없다. 필자는 이에 대한 확실한 대안을 제시하고 있다

정리 노트

진여(이 세상에 원래부터 있었던 그 무엇) 그 자체에는 어떤 정의나 설명도 불충분하며 부정확하여 붙일 수 없으나 진여의 성품은 알 수 있으니 이 진여의 성품을 우선 인식하려는 태도가 매우 중요하다. 진여의 성품을 '원'라 하였고 이것이 곧 '깨달음의 대상'이라 하였다. 즉, 원리를 깨닫는 것은 내가 살아가면서 부딪히는 수많은 난관과 문제를 지혜롭게 해결하고 풀어주는 열쇠다. 이 원리를 깨닫지 못하면 제아무리 많이 알고 있어도 어떤 상황에 처했을 때, 그 상황에 맞는 최선의 지혜가 발현될 수 없고 있더라도 한계를 가지게 된다. 원리는 이해하고 아는 것과 달리 깨달아 체득해야 한다. 체득한다는 것은 "너 코끼리 본 적 있어?"라고 물어봤을 때, "응, 본 적이 있어."라는 것과 같은 것이다. 코끼리는 봐야 안다. 글을 읽고 코끼리를 유추할 수는 있으나 그것은 코끼리를 직접 본 것과는 매우 큰 차이를 가진다. 체득한다는 것은 코끼리를 본 것이다. 코끼리를 한 번만 본 것과 여러 번 본 것이 다를 것이며, 코끼리를 직접 만져보기까지 한 것은 또 다를 것이다. 이

것이 체득을 바탕으로 한 수행이다. 수행은 끝이 없다. 깨닫고 수행하는 만큼 자신이 더욱 지혜로워지며, 영적으로 성장하며, 스스로 행복해지는 방법을 안다. 그 수행방법은 명상이나 전통적 수행방법보다 더 좋은 것이 있다. 과연 그것이 무엇인지 기대를 가지고 다음 글로 넘어가 보겠다.

2. 깨닫기 위해 공통적으로 가장 많이 하는 방편이 명상이다.

부처님께서 깨닫기 전에는 주로 명상을 중심으로 5비구와 함께 수행(공부)을 하셨다. 그야말로 죽음을 맞이할 정도의 처절한 수행이었으나 고통(고苦, 탐진치貪瞋癡 삼독三毒)의 문제로부터 벗어날 수는 없었다. 명상수행으로는 열반(해탈)의 경지에 도달할 수 없다는 사실을 체득하시고 5비구와 헤어진 후 강가에서 어느 여인에게서 우유죽을 얻어 마신 뒤 보리수나무 아래에 앉아 깊은 사유에 들어 '연기법緣起法'을 깨달으신 뒤 한동안 헤어졌던 5비구를 만나 그들에게 가장 먼저 하신 말씀이 "나는 중도中道를 정등각正等覺(바르고 원만한 깨달음, 또는 그 깨달음을 성취한 사람)했노라."다.

따라서, 명상으로 우주의 원리(진리, 진여)를 깨달아 모든 고통으로부터 벗어나 대자유인(해탈자)이 된다는 것은 불가능하다고 해서 지나친 고행은 깨달음에 크게 도움은 될 수 없으니 하지 말라고 2500년 전에 부처님께서 이미 폐기 처분한 사실을 망각하고, 지금도 명상을 수행의 근본으로 삼고 있는 일은 명상의 본질을 잘 모르고 있기 때문이다.

명상의 궁극인 자아를 소멸하고 진아와 합일하는 것과 깊은 사유에 들어 원리를 체득하는 것과는 전혀 다르다는 사실을 바르게 인식하는 일이 무엇보다 우선되어야 깨달음의 길로 바르게 갈 수 있을 것이다. 따라서 이 책에서는 이 사실에 대해 자세하게 서술하고 있다.

정리 노트

이미 2500년 전에 석가모니는 명상으로 깨달음을 성취한 것이 아니라 사유를 통하여 연기법을 깨닫고 진여의 성품인 중도를 정등각(깨달음 성취)했다고 하신 이 장면을 절대로 간과해선 안 된다. 석가모니께서 이미 처절할 정도의 명상 중심의 수행을 해 보신 이후 사유를 통하여 깨달음을 성취하시고 그 방법적 접근에서 결론을 내어 주셨음에도 불구하고 현대시대에 명상 위주의 수행이 중심에 다시 들어선 연유를 생각해 보면, 이 내용은 앞으로 이 책의 제목인 깨달음의 미래에 대한 핵심적인 시발점이 되기 때문이다.

3. 과학의 발달사를 살펴보면, 20세기 이전(고전물리학, 뉴턴역학)에는 주로 거시세계를 살폈으나 20세기 이후에는 소립자의 이중성二重性(파동 입자)을 발견함으로써 양자물리학(양자역학)으로 미시세계를 점점 더 깊게 살피게 되었다. 양자물리학은 소립자의 이중성으로 인해 발달한 학문이다.

거시세계의 본질은 미시세계다(눈에 보이는 것의 본질은 눈에 보이지 않는 것이다).

4. 『양자물리학과 깨달음의 미래』에서는 그동안 깨달음의 세계에서 전통적(고전)으로 행해져 내려왔던 모든 공부와 수행의 방편을 하나로 회통시키고 양자물리학에서 '코펜하겐 학파'의 학설을 정면으로 반박한 '데이비드 봄(David J. Bohm 1917~1992)'의 새로운 양자이론의 핵심을 회통시켜 필자의 독창적인 안목(통찰력, 직관력)으로 지금에 가장 알맞은 공부와 수행의 지름길로 안내하고 있기 때문에 과거에 누가 무어라 했던 거기에 구애받지 않고 있다. 필자의 이러한 독창성을 깨치고 나면 그동안 이해되지 않던 과거의 모든 것들이 더욱 선명해질 것이다.

이러한 내용을 본문에서 하나하나 상세하게 설명한다.

근대부터 현대까지의 과학의 역사는 미시세계(양자역학)를 과학적으로 관찰하고 실험하고 증명함으로써 그동안 깨달음의 세계에서 이해하기 어려웠던 부분들까지도 더 명확하게 알아갈 수 있는 계기를 마련해 주었다. 그 시작은 19세기 후반부터 시작된 미시세계의 과학적 검증과 새로운 가설에 대한 증명과 해석 과정에서 당시의 과학적 역량으로는 새로운 영역인 양자영역의 가설을 이론적, 실험으로 당장 증명하기 어려운(형이상학적) 부분들이 대부분이었고, 이런 연유로 당시의 과학자 중 일부는 양자역학에 대한 철학적 접근과 사고를 여러 종교의 핵심적 사상들 또는 동양철학과 그와 연관되는 내용(이론)들과 매우 유사한 형태의 가설과 해석을 내놓기도 하였는데 이것은 그 시대 과학자들의 의도이기보다는 새로운 한 분야의 깊은 탐구와 몰입 사고 과정에서 발생하는 의식, 영역의 확장과 통섭通攝에 따른 자연스러운 흐름으로 보이며 이 과정에서의 가설과 주장들이 불교의 경전에 언급된 핵심적 사상들과 일치하는 부분이 적지 않았다. 차후 이러한 통섭通攝적 접근과 연구를 두드러지게 한 양자역학자 중 한 명이 위에서 언급한 데이비드 봄이며 그의 연구와 활동은 그가 저술한 여러 서적과 활동에서 확연히 드러난다. 더욱 의미 있는 점은 유대계 가족에서 자랐음에도 그는 이미 10대 때 종교를 믿지 않았는데, 데이비드 봄의 여러 저서와 연구에서 드러난 그의 사고와 개인적 철학은 진여의 성품을 이해하고 원리를 깨닫기 위한 공부에서 그의 양자역학 이론물리학자로서의 연구와 주장하는 이론이 중심적으로 인용되었으며, 이것을 통하여 우리가 진여의 중심에 접근하고 그 성품을 이해하는 데 지대한 역할을 했음이다. 자신의 종교적 신앙 여부와 상관없이 한 인간으로서 자신의 삶을 지혜롭게 운영하고 의식적, 영적 성장을 위한 새로운 패러다임을 이 책을 통해 제시하는 것이다.

목 차

✝ 서문 _5

✝ 머리말 _12

✝ 필자가 하고 싶은 말 _17

01장. 원리를 깨치는 공부와 깨달음의 내용을 실천에 옮기는
　　　　 수행을 가장 잘하는 방법 _32

02장. 진여 _39

　　　1) 깨달음의 눈(통찰력, 직관력)으로 본 진여 _40
　　　2) 과학(양자물리학, 데이비드 봄)의 눈으로 본 진여 _52

03장. 진여의 성품인 동시에 우리가 깨달아야 할 대상인 원리란? _93

04장. 거시세계와 미시세계 _97

05장. 일체유심조一切唯心造 _103

06장. 명상을 통한 깨달음과 원리를 깨닫는 것의 관계 _110

07장. 명상과 금강신金剛身(법신法身) _179

08장. 신앙생활과 깨달음(해탈)의 생활 _188

09장. 공부와 수행 _196

10장. 원리를 응용함으로써 인생의 모든 문제를
하나의 열쇠로 다 해결할 수 있는 지혜 '무심無心' _199

11장. 치심법治心法과 용심법用心法 _204

12장. 행복(만족) _210

13장. 부분적인 것과 전체적인 것(전체와 부분의 관계) _213

14장. 깨달음의 미래(회통, 줄탁동시啐啄同時) _214

15장. 어째서 우리는 진여의 깨달음에 대해 글을 읽은 이후에도
무심의 삶을 살아가기가 어려운가? _231

✝ 원리 공부에 이익이 되는 글들 _238

원리를 깨치는 공부와 깨달음의 내용을
실천에 옮기는 수행을 가장 잘하는 방법

이 책의 내용은 인간의 모든 개념을 초월해 있는 우주의 진실(진리, 진아, 진여, 참나, 본래 항상恒常한 것)만을 말하고 있기 때문에 철저하게 믿어야 하고 오직 순종하는 것을 근본으로 삼아야 공부와 수행이 순일하게 이루어진다.

따라서 인간에 의해 만들어진 종교, 철학, 학문 등 어떠한 것도 개입시키면 안 된다. 다만 양자물리학이라는 과학이 진여의 성품인 원리에 대해 밝히고 있는 공통점과 회통했을 뿐이다.

부처님께서도 제자들이 원리(진여, 법法)를 하나의 개념으로 생각할까 봐 매우 걱정을 많이 하셨다. 원리를 이해하기 쉽게 하기 위해 이것과 저것을 하나로 회통시켜 놓았을 뿐 필자의 개인적인 생각은 조금도 없다는 것을 다시 밝힌다.

따라서 자신이 배우고 익혀 학습한 것으로 지니고 있는 어떠한 알음알이(지식, 내 생각, 아상我相, 고정관념, 무명無明)로도 헤아려 따로 살림을 차리는 것(자기만의 답을 내리는 일)은 깨달음으로 가는 가장 큰 방해가 된다.

정리 노트

　　내 생각을 내려놓아야 위의 글에 동의할 수 있다. 요즘과 같은 시대에 어떤 것을 일말의 의심 없이 그대로 받아들인다는 것은 쉽지 않은 일이다. 그러나 분명히 말할 수 있는 점은 이 책을 읽어가면서 기존에 자신의 지식과 정보, 그것을 기반으로 한 기준으로 판단함이 없이, 앞으로 전개될 내용을 읽어 내려가는 태도의 선행이 있어야만 이 공부가 제대로 진행될 수 있다는 점이다. 이것은 이 공부를 하는 데 있어서 가장 중요한 부분이기도 하다. 책을 읽는데 마치 글을 처음 배우는 아이와 같은 마음으로 읽어보기 바란다. 글의 내용을 이해하지 못하는 것보다 더 못한 것이 책을 읽으며 본인의 기준으로 판단하는 것이다. 이 과정이 잘 안 될 것이다. 그러나 이 또한 매우 중요한 수행 중 하나라 생각하길 바란다. 이 책을 위와 같은 마음으로 읽어가는 태도를 끝까지 유지한다면 분명 당신은 깨닫게 되어 있다. 이 책은 내용 전체가 화두 아닌 것이 없기 때문이다. 절대 스스로 파놓은 함정에 빠지지 말길….

필자가 가장 독창적으로 말하는 것은 명상을 따로 할 필요가 없을 뿐 아니라 깊게 하는 명상은 신경계(교감신경, 부교감신경)에 교란을 일으켜 부작용(마구니 장애)을 일으키는 경우가 많으므로 하지 말라는 데 있다. 특히 중요한 것은 원리를 전혀 모르는 상태에서 하는 명상은 지혜가 완성되기 어렵다는 데 있다. 명상에 관한 내용은 별도로 자세하게 서술할 것이다.

필자는 원리를 깨치기 위해서는 원리에 대해 철저하게 믿는 마음과 순종하는 마음을 근본으로 삼아야 한다고 했는데 이것은 명상의 핵심이기도 하다. 하나님을 믿는 사람이 할렐루야(찬양) 아멘(순종, 복종)을 하지 않는다면 무슨 이익이 있겠는가?

명상을 하는 사람이 진여(진아)에 대한 믿음과 순종이 없으면 본래 자리(진리, 진여, 진아)를 결코 회복(합일, 융합)하지 못한다.

깨달음의 성패는 바로 여기에 달려있다.

'무無'자 화두의 고사를 예로 들어보면, 석가모니 부처님께서도 모든 것에는 불성의 씨앗이 있다 하셨고 스승님께서도 평상시에는 그렇게 가르치셨는데 막상 지금 제자가 스승에게 직접적으로 물어보니 개에게는 불성이 없다고 하시는 것이다. 이에 제자는 있다고 하자니 방금 없다고 하는 스승을 믿지 못하는 것이 되고, 없다고 하자니 부처님을 믿지 못하는 것이니 도대체 이 무슨 소식인지 도무지 알 도리가 없다. 스승이 "무!"하는 순간 바로 깨달으면(언하대오言下大悟) 조사선祖師禪이다. 그러나 지금까지 배운 그 어떠한 것으로도 답을 찾을 길이 없어, 다만 간절한 마음으로 참구參究할 도리밖에 없으면 이것이 화두참구話頭參究, 즉 간화선看話禪이다. 이때 믿음이 없거나 순종하는 마음이 없다면 화두 자체가 성립될 수 없다.

화두를 참구하거나 명상을 할 때 가장 중요한 것은 믿음과 순종 외의 다른 어떠한 것도 바라는 마음 없이 그냥 최선을 다하는 무심無心으로 해야 한다. 그러나 무심은 깨달음을 얻어야 가능해지기 때문에 원리를 깨닫지 못한 상태에서 무심으로 하는 것이 가능하게 하려면 강력한 믿음과 순종이 필요하다. 따라서 이 공부는 처음부터 끝날 때까지 무심이 끊어지지 않게 하는 무심과의 투쟁이다.

처음에는 모르기는 하지만 무조건 믿고, 깨달음이 무르익을수록 확실하게 알고 믿는 것이다. 전생(과거)에 공부를 많이 한 사람일수록 처음부터 믿고 따르는 힘이 강한데 이것을 근기根氣가 좋다고 말한다. 그래서 근기가 좋은 사람일수록 깨달음이 빨리 오는 것은 당연한 이치다.

결론적으로, 명상을 별도로 하지 않는 대신 믿음과 순종과 오직 일어나는 의심에 대한 순수하고 간절한 마음으로 원리(진여의 성품)를 대하면 그것이 깨달음으로 가기 위한 진정한 명상이다. 원리(고차원)는 인간의 모든 개념(3차원)을 벗어나 있기 때문에 공부 중에 알고자 하는 간절한 의심(순수한 의심)은 저절로 생기지 않을 수 없으므로 원리는 그 자체가 모두 화두의 성격을 띄우고 있다. 이때 내가 가지고 있는 알음알이로 의심의 답을 구하면 안 된다. 공부를 계속해 나가면 의심은 저절로 풀리게 되고 하나의 의심이 풀어지고 나면 그 다음의 또 다른 의심이 생긴다. 의심도 자연스럽게 저절로 생겨야 하며 그 답 또한 저절로 풀려야 하기 때문에, 의심과 답은 자신의 알음알이로 헤아려 만들면 깨달음과는 점점 더 멀어진다. 이렇게 공부하는 것이 쉬울 것 같지만 매우 어렵다.

믿음과 순종이 깊으면 깊을수록 원리를 있는 그대로 다 받아들이게 됨으로써 공부 중에 작은 깨달음으로 인한 많은 전율과 기쁨을 경험할 것이다. 이러한 전율과 기쁨이 모여 공부가 무르익게 되면 어느 날 갑자기 모든 원리가 하나로 회통되는 말로는 표현할 수 없는 대 환희심이 찾아온다.

회통이 된다는 뜻은, 지금까지는 하나하나의 원리(구슬)가 또렷하기는 하였으나 하나씩 따로 흩어져 있었다. 이렇던 것이 순간적으로 마치 하나의 줄에 구슬이 꿰지면서 한꺼번에 소통이 된다. 이때, 무아無我도 함께 체험하면서 동시에 나(주관)와 너(객관, 대상, 경계)의 분별이 없어지고 모든 것은 하나임을 확실하게 깨닫게 된다. 공부와 수행이 깊어질수록 하나의 줄에 꿰어진 구슬은 점점 똘똘 뭉쳐지면서 나중에는 금강석처럼 단단하고 작게 바뀐다. 이것은 깨달음이 깊어질수록 간결하고 단순해진다는 뜻이다.

정리 노트

진리를 탐구하고자 하는 순수한 믿음만이 현재 자신의 모든 개념과 가치관과 기준을 넘어서서 의식이 확장되고 영적 성장을 이끄는 유일하며 가장 강력한 수단이다. 여기서의 믿음은 단순히 어떤 대상이나 말을 믿는 것과는 다르다. 이 믿음은 나 자신이 진리를 알아가고자 하는 순수한 열정과 간절함을 스스로의 태도로 증명하는 것이다. 이 때문에 여기서의 믿음은 특정 대상이 있는 것이 아니다. 그것이 우리가 일반적으로 이해하고 쓰는 믿음과의 차이다.

대상조차 없는 이 믿음만이 아직 내가 깨닫지 못하고 알지 못하는 영역으로 이끌어 줄 수 있다. 보이지 않는다고, 느껴지지 않는다고 내 기준으로 명확하지 않다고 인정하지 않는 것은 스스로의 의식적, 영적 성장을 멈추는 것과 같다. 우리가 과연 온 세상의 것을 얼마나 알고 있을까? 알고 있는 것보다 모르는 것이 훨씬 더 많은 온 세상을 알아가는 데 필요한 것은 오직 믿는 마음(태도) 이다.

02장

진여

진여란? 우주가 생기기 이전부터 본래 항상恒常한 것(본래부터 있었던 것, 무한대의 차원)을 이르는 말이기 때문에 인간의 어떠한 개념(3차원)도 초월해 있다. 진여는 최초로부터 지금까지 단 한 번도 바뀌어 본 일이 없다. 그러나 과학은 인간의 개념이기 때문에 학설이고 학설은 새로운 학설이 나오고 인정을 받으면 바뀐다.

천동설이 지동설로 바뀌었듯이 양자물리학도 초기에는 코펜하겐 학파의 해석이 양자이론의 주류를 이루었다. 그러나 아인슈타인과 슈뢰딩거는 코펜하겐 해석에 반대하고 사고실험은 내놓았으나 코펜하겐 해석의 이론적인 모순을 학설로 내놓지는 못하였다. 그 한참 후인 1950년 데이비드 봄은 코펜하겐 해석의 모순을 지적하는 많은 학설을 제시하였고 지금은 봄의 양자이론이 당시의 주류학파에 의하여 무시되고 인정받지 못하는 상황과는 달리 많은 주목을 받고 있다.

진여를 이해하지 못하면 깨닫기(회통)가 매우 어려우므로 깨달음의 세계에서 말하는 진여와 양자물리학에서 말하는 진여에 대한 의미를 여러 가지 측면에서 단편단편 살펴보고 하나로 회통시키고자 한다.

1) 깨달음의 눈(통찰력, 직관력)으로 본 진여

깨달음의 세계는 진여에 대한 정확한 안목이 가장 중요하다. 모든 것은 진여로부터 나왔으며, 깨달음의 대상이 진여의 성품인 '원리'이기 때문이다. 그러나 역사적으로 진여를 인간이 가장 알고 싶어 했으므로 진여의 의미를 많은 사람이 여러 가지로 나타냈기 때문에, 진여는 본래 간단하나 오히려 가장 복잡하고 가장 알기 어렵게 변해 버렸다.

진여에는 어떠한 것도 붙을 수 없다는 진실을 깊게 깨달아야 한다. 다시 말해서 어떠한 것도 진여와 등식(같다, =)은 성립될 수 없다는 말이다. 이것을 잊고 있었기 때문에 깨달음으로 가는 길이 복잡해진 것이다.

진여에 대해서는 석가모니 부처님께서 가장 명확하게 말씀하

섰다. "진여(여래如來, 법)는 진여가 아니기 때문에 진여라 하고, 다만 그 이름을 진여라 한다." 진여는 그 어떠한 공부나 수행으로도 직접 체험되어지는 것이 아니다. 따라서 명상수행으로 참 나를 체험할 수는 있고 진아와 합일할 수는 있으나 이러한 일로 진여 그 자체와 같아질 수 있다(=)는 것은 있을 수 없다는 말이다. 진여에는 '참 나', '진아', '부처', '비로자나불', '법신', '지혜', '중도', '신', '하나님', '상락아정常樂我淨' 등 그 어떠한 말도 붙을 수 없기 때문이다. 이러한 말들은 다만 진여의 성품을 부분적으로 나타냈을 뿐 진여는 인간이 생각하는 그 어떠한 것(개념)도 떠나있는(초월하는) '그 무엇'이다.

수행으로 참 나 또는 진아의 자리를 회복하는 것이 진여 그 자체와 같아진다(=)고 생각하면 명상 위주로 수행을 하게 됨으로써 신비주의에 빠지게 되고 지나친 명상수행으로 말미암아 발생하는 여러 가지 장애(부작용, 마구니 장애)에 시달리게 된다. 이렇게 되면 공부가 매우 복잡하게 되는 가장 큰 원인이며 조용한 장소가 별도로 필요하게 되고 많은 시간을 소비하게 된다.

이 모든 것은 진여 자체가 무엇을 의미하는지 명확하게 깨닫지 못한 데서 비롯되는 일이라 하겠다.

필자도 어쩔 수 없이 과거로부터 쓰이고 있는 진여에 대한 다른 이름을 일부 의미적으로 사용하고는 있으나 독자들의 이해를 돕기 위한 하나의 방편에 불과하다는 사실을 알아야 할 것이다.

진여에 대해 깊게 이해하지 못하면 깨달음과는 영원히 멀어진다.

깨달음에 대한 많은 고전(경전)이 의미적으로는 대부분 진여를 말하고 있기 때문이다. 이러한 이유로 진여에 대해 책 앞부분에 우선적으로 올린다.

우리가 깨닫고자 하는 이유는,

개개인이 과거로부터 지금까지 배우고 익혀(학습) 무의식에 지니고 있는 업業(업식業識, 내 생각, 아상我相, 알음알이, 지식, 무명無明)을 몰아내고 제8아뢰야식에 누구에게나 본래 갖추어져 있는 본성(본래심本來心, 청정심淸淨心, 불성佛性, 일심一心)을 회복함으로써 최상의 지혜(해탈, 완성된 중도의 지혜)로 세상을 살아가기 위해서다. 아뢰야식은 때 묻지 않은 최초의 마음이다.

진여에 대해서는 너무나 많은 이름과 설명으로 많은 선각자의 논서와 경전이 있기 때문에, 하나하나 비교하면서 말하지 않고 여기서는 진여가 품고 있는 정확한 의미를 석가모니 부처님의 경험과 말씀을 재조명하고 깊게 새김으로써 과거의 것과 하나로 통하게 하고자 한다.

우리가 살고 있고 지구가 속해 있는 우주가 생기기 이전부터 본래 있었던 것(본래 항상恒常한 것)은 거대한 에너지이며 만상을 창조하는 '그 무엇(데이비드 봄이 말하는 활성 정보)'을 불교에서는 '진여眞如'라 이름한다.

진여란 한 마디로 '최초의 것'을 의미한다. 이때 최초란? 끝을 전제로 한 최초가 아니다. 본래 항상恒常한 것(본래부터 있었던 것)을 의미한다. 진여의 다른 이름으로는 참 나(진아眞我), 본성本性, 부처, 신神(하느님, 하나님, 알라 등), 법法, 본래 자리, 불성佛性, 일심一心, 원각圓覺 등이 있다. 따라서 모든 것(만상萬象)은 진여로부터 나오고(생生) 본래대로 되돌아간다(멸滅, 사死). 이러한 현상은 시작도 없고 끝도 없이(무시무종無始無終) 반복된다(윤회). 최초의 것(진여)에는 그 어떠한 것도 붙을 수 없다. 그래서 언어도단言語道斷, 개구즉착開口即錯, 이심전심以心傳心, 불립문자不立文字다.

진여는 알아차리는 능력과 알아차린 그대로 작용하는 능력을 갖추고 있다. 모든 것을 있는 그대로 다 알아차리기 때문에 모르는 것이 없어서 '전지全知'라 하고, 있는 그대로를 다 드러내기 때문에 '전능全能(창조)'이라 한다. 따라서 전지전능한 하느님 (하나님, 창조주, 신神)도 의미적으로는 진여의 다른 이름이다.

진여의 알아차리고 작용하는 능력은 자아(에고ego)의 알아차리고 작용하는 능력과 다르지 않다. 그 성품만 다를 뿐이다. 진여의 성품은 중도(대화합)로 작용하고 자아는 개개인이 배우고 익혀 자기 것으로 삼고 있는 것(업業, 내 생각, 무명無明, 아상我相, 알음알이, 지식, 고정관념), 즉 자기중심적으로 작용하기 때문에 이기적이다. 진여의 알아차림이 곧 우리들의 마음(정신계)이고, 작용으로 만들어진 것(물질계, 소립자)이 우주다. 따라서 우리는 내가 무엇을 하는 것으로 알고 있기 때문에 내가 하는 모든 것의 주재자는 '나'인 것으로 알고 있으나 이것은 대단한 착각이다. 내가 하는 모든 것도 진여의 알아차림과 움직이는 작용이 없으면 불가능하다. 배가 고프면 고픈 줄 알고 밥을 먹게 하는 것이 다 진여가 하는 일이다.

인간의 다섯 가지 감각기관, 즉 눈(안眼), 귀(이耳), 코(비肥), 혀(설舌), 몸(신身)은 보고, 듣고, 냄새 맡고, 맛보고, 느끼는 단순한 능력만 지니고 있다. 여기에 알아차리는 능력(마음)이 있어야 비로소 그 기능이 온전하게 작용을 한다. 다시 말해서 눈은 마치 카메라의 렌즈와 같은 것일 뿐 생각하는 능력은 없다.

데이비드 봄은 이 마음을 홀로그램에 비유하면서 "홀로그램에 찍힌 물체를 보기 위해서는 레이저를 쏘아야 허상을 공간에서 볼 수 있다. 다시 말해서 홀로그램을 찍기만 하고 레이저를 쏘지 않으면 물체를 볼 수 없다. 이와 같이 외부로부터 뇌의 홀로그램에 저장된 정보(물체)에 마음을 마치 레이저처럼 이용해 뇌의 홀로그램에 비추어야 물체가 뜨게 되고 그것을 다시 마음이 인식하는 것."이라고 했다.

또 다른 예로는 어떤 사람이 생전 처음으로 코끼리를 보았다면 코끼리는 그 사람의 눈을 통해 디지털 파동으로 바뀌면서 뇌의 시각중추에 전달됨과 동시에 뇌의 양자 파동장에 저장될 것이다. 이 사람이 코끼리를 두 번째 보게 되면 역시 뇌의 양자 파동장에 저장될 것이다. 그러나 이때는 처음 보았을 때와는 다른 현상이 일어난다. 처음과 두 번째 본 것을 비교하는 과정이 일어나면서 두 개의 영상이 같으면 코끼리라는 인식을 하게 된다. 이때 두 개의 영상을 비교하는 역할을 하는 것이 바로 마음이기 때문에 인식의 주체인 마음은 뇌 또는 뇌의 양자 파동장과는 별도로 존재해야 한다는 것이다. 이것이 봄이 말하는 몸과 마음은 별개의 존재라는 이유다. 여기서 비교해서 알아차리는 그놈이 바로 깨달음의 세계에서도 마음이라

하고 이것은 진여가 알아차리고 모르는 것이 없이 다 아는 '전지全知'다. 그래서 모든 생명체는 그들 스스로 살아가는 능력을 갖추게 되는 것이다.

진여에는 크게 두 가지의 뜻이 있다.

진여로부터 분화한 것에는 정신계(알아차림, 마음, 전지)와 물질계(움직이는 작용, 전능)가 있다.

진여는 본래 파동이다. 파동은 알아차림과 작용(움직이는 힘, 기氣)만 있을 뿐 텅 비어 있다(공空). 파동은 존재한다는 의미에서는 분명하다. 그러나 그 존재를 과학적으로 확인하고 증명한다는 것은 아직도 가야 할 길이 너무나 멀다. 다시 말해서 없는 것은 아닌 줄 잘 알고 있으나 너무나 오묘하고 불가사의한 것들이 많아서 아직은 잘 모른다는 말이다. 그래서 과학의 언어인 수학에서도 파동은 허수(i)로 표시한다.

진여가 파동이기 때문에 최초에 파동이 먼저 있고 입자는 파동이 만들어낸 것이다. 따라서 마음(알아차림)이 먼저고 몸(물질)이 나중이다.

최초의 마음을 필자는 진여의 성품이라 한다. 최초의 것이란 누구에게나 다 갖추어져 있는 것을 말한다. 그래서 모든 것에는 다 불성佛性의 씨앗이 있다고 하는 이유다. 진여가 소립자를 만들고 소립자가 인연 따라 각각의 개체를 만들고 개체가 배우고 익혀 학습한 것(업業)에 의해 자아自我(ego, 자아의식, 내 생각, 무명無明, 아상我相, 알음알이)가 만들어지며, 업은 윤회(순환)의 주체가 된다. 따라서 자아(가아假我)도 진여(진아眞我)의 다른 모습이다. 자아의 최초(근본, 본질, 뿌리, 본성)가 진여이기 때문이다.

진여의 두 가지 뜻 중에 하나는 '물질'로서 만상(모든 것)의 본질(근본)이라는 의미가 있고 또 다른 하나는 '마음'으로 쓰인다. 진여를 하나의 개체로 본다면, 그 개체가 움직일 때(작용) 아무렇게나 작용하는 것이 아니라 반드시 그 성품대로 움직이는데 이때의 성품을 마음이라고 한다. 진여의 성품과 진여는 떼려야 뗄 수 없다(A라는 사람과 그 사람의 성품은 하나다). 이 마음은 본래의 마음자리로서 그 이름을 '청정심淸淨心'이라 하고 우리가 말하는 불심佛心, 불성佛性, 중도(공空), 무심無心, 양심이 진여의 성품이다. 진여를 마음의 의미로 쓸 때는 '초월의식(제8 아뢰야식阿賴耶識, 근본의식根本意識)' 또는 '슈퍼의식'이라고도 한다.

진여는 모든 것을 있는 그대로 다 알아차리고(전지全知) 알아차린 내용을 그대로 드러내는 능력(전능全能)을 지니고 있다.

'마음'이라는 말은 초기경전(아함경)에는 없는 말로서 중국 선 불교에서 등장시킨 말이다.

명상의 최고 경지인 '멸진정滅盡定(진아眞我와 합일된 경지)'에 들어간 것은 진정한 진여의 세계는 아니다. 여기에 대해서는 명상에서 다시 상세하게 설명하겠다.

진여는 거대한 에너지의 일종으로서 있는 그대로를 알아차리고 움직이는(힘) 작용만 있을 뿐 텅 비어 있다. 이것이 최초다. 그러나 에너지의 움직이는 힘이 적당한 인연因緣(여건, 조건, 상황)을 만나면 만상이 일어난다(생生, 진공묘유眞空妙有). 지구가 속해 있는 우주는 빅뱅(Big Bang, 대폭발)에 의해 소립자素粒子가 만들어지고 소립자가 다시 인연을 만나는 137억 년이라는 과정을 반복(윤회)하면서 오늘날의 세계가 되었기 때문에 모든 것의 근본물질은 소립자다.

모든 것(만상)은 다 진여로부터 나왔기 때문에(시작되었기 때문에) 진여는 어느 하나를 선택해서 미시세계(소립자의 세계, 허수의 세계)라 할 수도 없고 거시세계(3차원의 현상계)라 할 수도 없다. 미시세계는 거시세계와 늘 함께하고 있으면서 거시세계 안에 숨어 있으며, 다만 우리들의 눈(오감)으로 볼 수 없을 뿐이다. 미시세계는 시간과 공간을 초월한 4차원 이상 고차원의 세계(허수의 세계)다.

인간이 허수(미시세계, 양자세계) 시공간을 인식하지 못하는 이유는, 눈에 보이는 현상계(3차원 입자적 구조)에 습관(업業, 진화)이 되어 현상 속에 숨어 있는 4차원 이상 고차원의 파동적 성질이 강한 구조를 인식하는 능력이 퇴화되었기 때문이다. 그러나 이 능력은 무의식(제8아뢰야식, 초월의식, 슈퍼의식)에 누구에게나 본래 구족(갖추어짐)되어 있기 때문에 원리를 깨달아 아뢰야식이 활성화하면 아뢰야식의 선천적인 통찰력(직관력, 초능력)으로 환히 꿰뚫어 볼 수 있게 된다.

허수(파동, 진여)는 불교(깨달음의 세계)에서 말하는 모든 것이라고 해도 과언이 아니다. 이유는 진여의 성품인 공空, 연기緣起, 무상無常, 무아無我, 무자성無自性, 중도中道와 우주의 경영원리인 인과법因果法과 진여를 깨닫게 하는 선문답禪問答 등이 모두 허수의 의미를 알 수 있도록 하는 데 있기 때문이다.

진여의 작용(성품)은 전지전능全知全能하고 만상은 진여의 작용으로 운영되며, 모든 것의 본질이기 때문에 "유정무정有情無情이

개유불성皆有佛性(생명이 있는 것이나 없는 것이나 모든 것에는 불성이 있다.)"이라 할 수밖에 없다. 따라서 참 나(진아眞我, 진여)는 있는 그대로 모든 것이기 때문에 명상으로 참 나를 찾아 체험을 한다는 것은 마치 종로에서 서울이 어디냐고 묻는 것과 같아서 허망한 일이다. 다만 이러한 원리를 깨달아 체득하는 일이 진정한 깨달음이고, 이때 지혜는 완성의 길(해탈의 길, 완성된 중도의 지혜)로 나아가게 된다.

오감으로 인식되는 거시세계는 서로 다른 모습으로 분리되어 있으나 미시세계(소립자, 진여)의 입장에서 보면 너(객관, 대상 경계)와 나(주관)는 하나로서 분리될 수가 없다(물아일체物我一體). 이 진실을 확실하게 깨닫는 것이 무아無我를 체득體得(증득證得)하는 일이다.

진여의 입장에서 보면 가아假我(가짜 나, 우리가 '나'라고 생각하는 '나ego')는 진여라는 본체에 서로 다른 옷(업業)을 입혀 놓은 것과 같다. 이것은 마치 발가벗은 몸에 각기 다른 옷을 입고 있는 것과 같다.

'데이비드 봄(David J. Bohm)'은 과학자이면서 깨달음의 세계에 가장 근접한 사람이다.

소립자의 이중성(입자-파동)을 동전의 양면과 같은 서로 상보적인 관계로 보았다. 이것이 진리(원리)다. 따라서 상반되는 모든 것은 서로 상보적相補的인 관계(서로 모자란 부분을 보충하는 관계에 있는. 또는 그런 것)다. 선과 악, 행복과 불행, 음과 양, 옳다와 그르다, 기쁨과 슬픔 등, 다시 말해서 이것과 저것은 서로 떨어질 수 없는 연기관계緣起關係(인과관계因果關係)로 존재한다는 말이다. 석가모니 부처님께서 깨달으신 깨달음의 내용이 바로 연기의 진리다. 모든 것은 서로 주고받는 상호의존의 관계로 그 존재가 가능하다는 것이다. 다시 말해서 스스로의 독립된 고정불변의 자성으로 존재하는 것은 있을 수 없다는 뜻이다. 그래서 모든 것은 있는 그대로 공空한 존재다. 이것을 '연기공緣起空'이라하기 때문에 "연기를 보면 공을 보고 공을 보면 여래如來를 본다."고 말씀하신 이유다.

불행이 없다면 무엇을 가지고 행복이라 할 수 있겠는가? 행복과 불행의 기준은 없다. 다만 내가 어떻게 생각하느냐가 문제다.

그래서 '일체유심조一切唯心造'라 한다.

깨달음의 세계에서는 통찰력으로 약 2500년 전에 '석가모니 부처님'께서 "모든 것은 진여로부터 나왔으며 본래대로 되돌아간다."고 하셨으며, '진공묘유眞空妙有'라는 단 한 마디의 말씀으로 온 우주를 관觀하셨다. 그러나 과학은 아직도 많은 과학자가 진공은 텅 비어 있다고 생각한다. 그 이유는, 아인슈타인의 특수상대성 이론을 비롯해 19세기 앨버트 마이클슨(Albert Abraham Michelson)과 에드워드 몰리(Edward Morley)가 우주의 진공은 텅 비었다는 것을 실험을 통해 증명하였으며 양자전기역학에서도 우주는 텅 빈 것으로 결론 내렸기 때문이다.

소립자는 진여로부터 만들어진 최초의 물질이기 때문에 진여가 갖추고 있는 전지전능한 잠재력을 다 지니고 있다가 인연따라 그 작용을 달리한다. 이와 같은 소립자의 무한한 가능성 때문에 인간은 누구나 노력에 따라 깨달을 수 있고 해탈의 경지에 도달할 수 있는 것이다.

소립자는 진여의 작용으로 인해 모든 물질의 가장 작은 알갱이로 만들어졌기 때문에 진여를 법신法身이라 한다면 소립자는 화신化身이라 할 수 있고, 진여를 성부聖父라 한다면 소립자는 성자聖者라 할 수 있다.

2) 과학(양자물리학, 데이비드 봄)의 눈으로 본 진여

'데이비드 봄'은 모든 존재에는 실수, 허수(i), 영(0)이 삼위일체로 형성되어 있다고 보았다. 실수는 눈에 보이는 3차원인 입

자적 구조를 말하고 허수는 눈에 보이지 않는 4차원 이상 고차원인 파동적 구조를 말하며 영은 입자와 파동 등 모든 근원이 되는 궁극적 질료, 즉 초양자포텐셜(영점장)이라고 한다. 예를 들어 여기에 한 마리의 코끼리가 있다고 하자. 눈에 보이는 코끼리만 있는 것이 아니고 홀로그램으로 촬영을 해야만 보이는 부분이 있고 코끼리에 대한 홀로그램의 내용은 물체파와 기준파가 간섭을 이루고 있다. 이 내용을 수학적으로 나타낸다면 눈에 보이는 코끼리는 실수, 눈에 보이지 않는 물체파(코끼리의 파동)는 허수, 눈에 보이지 않는 기준파(우주의 진공을 조금의 빈틈도 없이 가득 채우고 있는 파동)는 0(초양자포텐셜)으로 표시할 수 있다.

이것은 마치 물에 돌을 던지면 물방울이 튀고 그 주위에 동그란 수면파가 생김과 같다. 물방울은 입자, 수면파는 파동의 모습에 비유된다. 또한, 입자와 파동은 따로 분리되어 있지 않고 한 몸에 붙어 있는데 동전의 양면과 같은 상보적구조相補的構造(양자의 이중구조)다. 다시 말해서 모든 입자는 크기에 상관없이 파동(에너지, 힘, 기)을 발생시킨다는 말이다.

파동과 입자는 동전의 양면과 같은 구조를 하고 있지만, 사실은 서로 다른 차원의 공간에 존재하고 있다는 것이 봄의 설명이다. 입자는 3차원의 공간에 있고 파동은 4차원 이상 고차원의 공간에 있기 때문에 입자는 5감의 인식 대상이나 파동은 우리들의 인식 대상이 될 수 없다. 다만 깨달음의 통찰력(6감의 능력)으로 인식이 가능하다. 그래서 봄은 파동은 비록 우리들의 인식의 대상은 아니나 실제로 존재하는 '객관적 실체'라고 했다.

봄은 입자-파동의 구조에서 파동을 홀로그램에 비유했으며, 그렇기 때문에 우리가 잘 볼 수 없다고 설명했다.

진여의 작용(움직이는 힘, 기氣)을 과학(양자물리학)에서는 '파동波動'이라 한다.

소립자의 이중성을 과학이 그 이유를 밝혀내지 못해 "신이 부리는 마술이다.", "자연의 수수께끼다."라고 얼버무린 코펜하겐 학파의 학설(해석)을 데이비드 봄이 논리로 마술과 수수께끼를 풀어낸 것이라 할 수 있다.

봄은 우주에 존재하는 모든 것은 크기에 상관없이 항상 파동과 입자가 동전의 양면과 같은 상보적 관계로 보았다. 이것은 마치 자석 주위에 쇳가루를 뿌리면 쇳가루가 자석에 달라붙는데, 우리들의 눈에는 보이지 않지만 자석 주위에 자력선, 즉 에너지장(자기장)이 존재하는 것과 같다.

따라서 광자는 광자의 파동(광자장)과 입자성 광자가 한 쌍을 이루고, 전자는 전자의 파동(전자장)과 입자성 전자가 역시 한 쌍을 이루므로 양성자, 중성자, 원자, 분자도 이와 같다. 그뿐만 아니라 세포도 세포의 파동(세포장)과 입자성 세포가 한 쌍을 이루고, 조직 역시 조직의 파동(조직장)과 입자성 조직이 한 쌍을 이루기 때문에 장기臟器, 개체個體, 집단集團도 이와 같을 수밖에 없다. 이것은 인간의 육체(물체)도 이중구조(입자와 파동의 상보적 관계)로 되어 있다는 것이다.

코펜하겐 학파의 양자이론으로는 거시세계와 미시세계를 연결하지 못했으나 봄의 양자이론은 존재하는 모든 것은 입자와 파동으로 된 부분이 동전의 양면과 같은 이중구조로 되어 있다고 하는 '상보성 원리'다. 이 원리로 인체를 구성하는 분자, 세포, 조직, 장기, 개체 등에 적용할 수 있게 되었다. 다시 말해서 인체는 눈에 보이는 물리적(몸Physical structure)인 구조(입자)인 분자, 세포, 조직, 장기 등과 눈에 보이지 않는 에너지체(마음Energy structure, 파동)인 분자장, 세포장, 조직장, 장기장 등과 같은 이중구조로 되어 있다는 말이다.

이러한 자연의 현상을 통찰력으로 관해 보면, 만상의 최초는 파동(진여, 에너지)이었으며 파동이 입자(소립자)를 만들어내고 그 입자가 인연(조건, 여건, 상황) 따라 모든 존재를 만들었다. 이것은 모든 존재는 입자(거시세계)보다 파동(미시세계, 진여, 에너지, 진공眞空)이 먼저(최초)라는 사실로서 매우 중요하다. 만약에 진여가 입자라면 '그것은 무엇이다.'라고 확실하게 말할 수 있을 것이다. 그래서 과학의 언어인 수학에서도 파동(4차원 이상)에 대해서는 허수i(실재하지 않지만 반드시 필요한 수)로 표시한다.

여기서 가장 중요한 것은 우주는 '양자파동장(quantum wave field)의 결맞음(파동이 간섭 현상을 보이게 하는 성질)'에 의해서 모든 것이 결정되는데 너무나 오묘하고 복잡해서 인류(과학)의 영원한 숙제다.

'선인선과善因善果 악인악과惡因惡果'와 같은 인과법因果法의 순환원리(윤회)를 비롯해서 인체와 모든 생명체의 생멸生滅(생노병사生老病死)도 우주의 경영원리인 '양자파동장의 결맞음'에 의해 일어나는 하나의 현상이다.

양자파동장의 결맞음은 부처님께서 지금으로부터 약 2500년 전에 이미 깨달음의 통찰력으로 관觀하신 '연기緣起'다. 그래서 "연기를 보면 공空을 보고 공을 보면 여래如來를 본다."고 말씀하신 것이다. 자연은 서로 주고받는 상호의존성(상호관계성)으로 존재한다. 이렇게 복잡하고 미묘한 양자파동장의 결맞음을 하나씩 풀어내고 우리들의 생활에 편리하고 유익한 것들을 생산해내는 일은 과학이 해야 할 일이고, 깨달음의 세계는 연기를 확실하게 깨닫는 것으로 끝난다. 깨달음의 공부를 과학하는 것처럼 하게 되면 깨달음과는 영원히 멀어질 확률이 매우 높아진다.

봄은 파동이 입자보다 최초(먼저)라는 사실에 대해 말하기를, 초양자포텐셜(영점장)이 먼저 있고 이것이 국소적으로 응집되면서 가상입자(virtual particle)가 생성되기 때문에 초양자포텐셜은 가상입자를 만들어 내는 생산자라고 했다. 이와 같이 양자포텐셜이 국소적으로 응집되면서 전자, 양성자, 중성자 등과 같은 소립자가 만들어진다고 본 것이다.

다시 말해서 봄이 말하는 물질의 생성 과정은, 최초에 활성정보(진여)가 있고 그 작용(움직임)에 의해 초양자포텐셜과 가상 입자(매우 짧은 시간 동안에만 존재하며 정확한 질량을 갖고 있지 않은 가상의 입자를 말하는데, 존재하지 않기 때문이 아니라 관측이 불가능하기 때문에 가상 입자라고 부른다. 힉스입자와 같은 것이다.)가 생성되고, 이로 인해 양자포텐셜과 소립자가 만들어진다고 보았다.

데이비드 봄은 양자세계에서 파동의 특징은 종파라고 했다. 종파란? 가령 끈의 한 곳을 벽에 고정시키고 다른 한 곳은 손에 쥐고 흔들면 파동이 생길 것이다. 이때 벽으로 진행되었던 파동이 반사되어 되돌아 나온다. 손에서 만들어진 파동과 벽에서 반사되어 나오는 파동은 중첩되면서 마디 부분은 그대로 있으나 마디와 마디 사이는 아래위로 흔들리게 되는데 이 파동이 종파다.

종파는 그 자리에서 아래위로 움직일 뿐 옆으로는 진행하지 않으며, 벽을 향해가는 파동과 벽에서 반사되어 되돌아오는 파동은 항상 한 쌍으로 같이 생기는데, 전자는 실수(+)의 시간 방향으로 가는 순시간 파동으로 생각할 수 있고 후자는 음수(−)의 시간 방향으로 가는 역시간 파동으로 생각할 수 있다. 이로써 종파는 두 개의 파동이 겹쳐 있으며, 두 파동이 한 쌍을 이루고 있는 종파는 4차원 공간에서 존재한다.

파동에 의해 입자가 만들어지는 실험을 해 본다면, 철판에 모래를 골고루 뿌린 다음 진동을 가하면 위아래로 흔들리는 종파가 일어나면서 일정한 무늬가 발생하는데 이 무늬는 종파가 발생할 때 위아래로 진동하는 부분에서는 모래가 남아 있을 수 없기 때문에 자연적으로 마디 쪽 부분에 모래가 모이면서 만들어진 무늬다. 따라서 파동이 입자보다 먼저라는 것이다.

다시 말해서 입자는 파동이 연속적인 상하운동(종파)을 하다가 보강간섭에 의해 한곳에 집중되고 이곳에 에너지가 모이게 되는데 이것이 입자라는 말이다.

허수에 대한 개념을 가장 정확하게 인식하고 있는 과학자가 바로 '데이비드 봄'이다. 대개의 사람들과 과학자들의 인식은 '허수란 없어도 되는 수이지만 수학 공식에는 필요한 수'라는 정도였다. 아직은 허수에는 과학적(수학, 형이하학)인 성격도 있지만 철학(종교, 형이상학)적인 성격이 더 많았기 때문이다.

오늘날 허수는 존재하는 수이며, 이에 대해 연구하는 학문이 곧 양자물리학이다. 영국의 세계적인 물리학자 '스티븐 호킹'은 "우주는 허수 시공간에서 기원한다."고 말했을 정도로 허수는 중요한 개념이다.

봄은 허수(i)에 대해 다음과 같이 말하고 있다.

허수는 양자(소립자)세계, 즉 미시세계를 말한다. 코펜하겐 학파에서는 양자세계는 너무나 미세해서 모든 것이 불확실하기 때문에 3차원의 거시세계(고전현상, 뉴턴역학)와 같이 측정한다는 것은 불가능하다고 하였다. 그러나 봄은 '숨은 변수 이론'을 도입하면 고전현상(거시세계)과 양자현상(미시세계)의 상대적인 이분법을 피해 물리계의 모든 현상을 하나의 이론(일원론)으로 해석할 수 있다고 보았다.

'숨은 변수 이론(Hidden variable theory)이란?

관측 불가능한 양자 차원의 물리량들도 존재한다는 가정을 '숨은 변수'라 하고, 숨은 변수의 통계적 평균치를 얻으면 양자세계의 관측 가능한 물리량의 값을 구할 수 있을 것으로 보았다.

봄은 '숨은 변수'를 실험적으로 찾기 위해 이스라엘 물리학자 야키르 아로노프(Yakir Aharonov)와 전자기장의 실험을 통해 전자기장이 제로인 공간에 전자를 보내면 신기하게도 전자가 휘어지는 사실을 관찰할 수 있었다. 이러한 현상이 생기는 이유에 대해 아로노프와 봄은 '양자포텐셜(Quantum Potential)'이 있기 때문이라 했다. 이것을 '아로노프-봄 효과(Aharonov-Bohm effect)'라고 한다.

봄은 이 실험을 통해 전자기장의 하부구조에는 전자기장보다 더 미세한 또 다른 에너지장이 감추어져 있다는 사실에 놀랐으며, 이로써 '드러난 질서와 숨겨진 질서(explicate and implicate order)'의 원리를 발표했다.

'드러난 질서와 숨겨진 질서'란? 전자기장과 같은 거친 에너지 내부에는 다른 미세한 에너지인 양자포텐셜이 숨어 있고, 양자포텐셜 내부에는 더 미세한 에너지인 '초양자포텐셜(Superquantum Potential)이 숨어 있을 수 있으며, 초양자포텐셜의 내부에는 활성 정보(active information)가 숨어 있다.'는 원리며 이것을 가설로 제안하였다. 다시 말해서 에너지는 단층구조가 아니라 복층구조로 되어 있다는 말이다. 이것은 마치 러시아 인형 마트료시카 혹은 양파 껍질과 같다.

공간을 설명하는 수학방정식에 기술되어 있는 허수는 바로 초양자포텐셜과 활성 정보를 의미하는 것이라고 보았다.

이로 인해 데이비드 봄은 1990년 초양자포텐셜은 우주 공간을 조금의 빈틈도 없이 가득 채우고 있는 '그 무엇'으로부터 시작되었다고 생각했으며, '그 무엇'을 '활성 정보'라고 이름하였다.

'그 무엇'은 '최초의 것'을 의미하기 때문에 불교에서 말하는 '진여'와 의미가 같다. 봄이 말하는 '활성 정보'는 '자기조직화(self-organization)'하는 능력과 '초월의식(superconsciousness)'을 의미하기도 한다.

자기조직화란? 수많은 여건(조건, 상황, 인연)들이 서로 얽혀

주고받는 상호관계를 통하여 끊임없이 적응해 나가는 것을 말하기 때문에 '연기'와 '진화'의 의미가 들어 있다.

초월의식은 '아뢰야식'을 이르는 말이다.

과학자들은 진공 안에서 전자기장과 중력장의 파동에 의해 생성된 에너지를 제로포인트에너지(zero-pint energy: ZPE) 또는 진공에너지(energy of vacuum)라 부르고 있다. 이것은 흔히 영점장(Zero Point Field)이라고 하는데 소립자 차원의 우주(초양자포텐셜)를 말한다.

1932년 막스 플랑크(Max Plank)는 절대온도 0도(물체를 구성하는 분자의 운동이 완전히 정지하는 섭씨 −273.15도)에서는 입자(분자)의 운동이 일어날 수 없기 때문에 어떠한 에너지도 없는 텅 빈 진공 상태가 된다는 고전역학의 학설을 믿었으나 절대온도 0도에서 2개의 상반된 전하를 가진 소립자들의 조화 진동자에 관한 연구를 하던 중 절대온도 0도의 진공 상태에서도 에너지가 존재한다는 사실을 발견하고 이 에너지를 영점 에너지(zeropoint energy)라 하였다. 다시 말해서 절대온도 0도에서 분자는 운동이 정지되었으나 분자보다 더 작은 소립자는 활동하고 살아 있었다(양자의 진동 때문에 에너지가 생기는 것)는 말이다.

플랑크가 발견한 영점 에너지가 봄이 말하는 초양자포텐셜이다.

아인슈타인 역시 절대영도에서도 진동 에너지가 가득히 존재한다는 사실을 알고 이를 독일어로 '영점 에너지(Nullpunktsenergie)'라고 표현한 바 있다. 영점에너지에 대해서는 많은 과학자가 여러 가지 측면에서 연구하고 발표하였으며 특히 러시아에서는 실제로 일상에서 많이 사용되고 있다.

봄의 『드러난 질서와 숨겨진 질서』에서 '드러난 질서'는 5감(눈, 귀, 코, 혀, 몸)의 인식 대상이고, '숨겨진 질서'는 6감(뇌: 통찰력, 직관력)의 인식 대상이라 할 수 있는데 전자는 '일상적 실재(consensus reality: 객관적 관찰자에 의해 인식되는 대상)'며 후자는 '비일상적 실재(non-consensus reality: 꿈과 같이 현실이 아닌 이미지와 같은 것)'다. 여기서 일상적 실재란 입자를 의미하고 비일상적 실재는 파동을 말한다. 입자(실수)와 파동(허수)은 서로 다른 시공간에 존재하면서 동전의 양면과 같은 관계다. 그래서 봄은 입자와 파동을 하나의 말로 '파립(wavicle)'이라는 합성어를 만들었다.

소립자의 이중성은 운동 현상에 주목하면 파동으로 나타나고, 운동의 주체에 주목하면 입자로 나타나는 것이다. 이것이 데이비드 봄의 새로운 '상보성 원리'다.

코펜하겐 해석에서는 소립자의 이중성은 관찰자가 관찰하면 입자의 성질로 나타나고 관찰하지 않으면 파동의 성질을 가진다고 해서 이것을 관찰자 효과로 해석하였다. 봄은 여기에는 대단한 미스터리(크나큰 오류)가 있다고 한다. 다시 말해서 소립자(전자)는 존재 가능성만 가지고 있다가 관찰(측정)하는 순간 나타난다는 개념이다.

이 개념의 문제점을 봄이 지적한 이유는, 양자세계를 관찰하는 관찰자의 뇌세포는 분자로 구성되어 있고, 분자는 원자로, 원자는 양자로 구성되어 있기 때문에 관찰자의 뇌세포는 양자 덩어리다. 따라서 관찰자가 관찰 행위를 하기 위해서는 누군가가 관찰자의 뇌를 관찰해 관찰자의 뇌의 양자 상태를 붕괴시켜야 한다. 그렇다면 최초의 관찰자의 뇌를 붕괴시켜준 그다음 관찰자의 뇌도 또 누군가가 붕괴시켜 주어야 한다는 말이므로 끝이 없다. 따라서 최초의 관찰자의 뇌의 양자 상태는 영원히 붕괴시킬 수 없으므로 관찰자 행위는 일어날 수가 없다. 코펜하겐 해석의 이와 같은 주장은 인식의 주체라고 하는 뇌와 관련된 신경세포가 양자적 존재가 아니라는 말과 같아서 대단한 모순이라 하겠다.

소립자의 입자-파동 이중성에 대해 슈뢰딩거는 파동방정식

을 내놓았다. 이 방정식에서 입자는 3차원적인 모습(실수)을 말하고, 파동은 4차원적인 모습(허수)으로 해석한 것이어서 이것은 입자와 파동이 동전의 양면처럼 '중첩superposition'되어 있다고 본 것이 파동함수다. 그러나 1926년 독일의 물리학자 막스 보른Max Born은 슈뢰딩거의 파동방정식을 풀어서 얻은 파동함수 Ψ에 대해 전혀 다른 해석을 내놓았다. 슈뢰딩거는 파동함수가 실재로 존재하는 것으로 보고 입자와 파동이 한몸이 되어 사인파처럼 운동한다고 하였으나, 보른은 파동은 아예 존재하지 않는 것으로 무시하고 입자만을 거론하면서 "파동은 측정하기 이전에는 알 수 없고, 다만 확률적(확률파동)으로 이곳저곳에 존재할 수 있다."고 하였다. 그래서 보른은 파동함수 Ψ(프사이)의 본래 값인 실수와 허수를 그대로 사용하지 않고 그 절대값의 제곱$|\Psi|2$을 취해 사용하였다.

코펜하겐 해석의 파동함수 Ψ(프사이)에서 허수는 없앨 수 없다는 것이 데이비드 봄의 양자이론이다. 슈뢰딩거의 파동방정식은 코펜하겐 해석의 기초며 이 방정식을 풀어서 얻은 파동함수에는 실수와 허수의 조합으로 된 복소수가 있는데 허수를 제대로 이해하지 못한 이유로 Ψ를 제곱하여 실수만 취하고 허수를 버렸다. 다시 말해서 입자는 취하고 파동은 버렸다는 말이다. 실로 코펜하겐 해석의 가장 큰 오류였다. 이로써 코펜하겐 해석은 미시세계와 거시세계를 하나의 이론(일원론)으로 설명하지 못했으나 봄은 하나의 이론으로 명확하게 설명할 수 있었던 것이다.

이와 같이 파동함수를 실제로 존재하는 입자-파동으로 봄은 생각했기 때문에 파동이 전파되려면 수면파에는 물이 있어야 하고, 음파에는 공기가 있어야 하듯이 파동함수에도 매질이 있어야 했는데 그것이 바로 우주의 진공을 가득 채우고 있는 초양자포텐셜이다.

3차원의 거시적 안목(드러난 질서, 입자)으로는 모든 것이 서로 분리되어 있으나 4차원 이상 고차원의 미시적 안목(숨겨진 질서, 파동)으로는 서로 연결되어 있다. 이와 같이 미시의 세계에서는 모든 것이 하나로 연결되어 있기 때문에 상호작용이 거리와 관계 없이 빛보다 빨리 동시적 순간적으로 이루어진다고 생각하였다. 이는 우주의 한끝에 있는 입자의 속성을 변화시키면 그 입자와 상관관계(인연因緣)를 이루고 있는 다른 입자의 속성도 동시적으로 변화된다는 말이다. 이것이 봄의 '비국소성(non-locality)'이다.

여기서 우리가 분명하게 알아야 할 사항은 닐스 보어가 주장하는 비국소성과 데이비드 봄이 주장하는 비국소성은 전제조건부터가 다르다는 사실이다. 다시 말해서 보어의 주장은 상관관계를 이루고 있는 다른 입자(양자, 소립자)가 실재하지 않는 것을 전제로 하는 비국소성이었다면 봄은 실제로 존재한다는 것을 전제조건으로 하였다. 따라서 보어는 비실재성이었다면 봄은 실재성 비국소성이었다. 이것은 엄청난 차이다.

예를 들어, A라는 사람의 두 손은 같은 몸을 공유하고 있으므로 한 손이 오른손이면 다른 한 손은 저절로 왼손이 될 것이다. 이때 두 개의 손은 입자에 비유되고 손을 공유하고 있는 A라는 사람의 몸은 초양자포텐셜에 비유한다면, 3차원에 살고 있는 인간은 2개의 손이 A라는 사람의 손이라는 사실을 전혀 알 길이 없기 때문에 2개의 손은 절대공간에 있는 각기 다른 독립적인 서로 다른 손이라고 생각할 것이다.

여기서 2개의 손과 A라는 사람은 하나의 몸을 공유하기 때문에 빛보다 더 빠른 그 무엇이 있어야 한다든가, 텔레파시와 같은 것이 있어야 할 필요는 전혀 없다. 이것은 마치 시소처럼 한쪽이 내려가면 다른 한쪽은 즉시 올라가는 것과 같다.

우주의 진공은 초양자포텐셜로 가득 차 있기 때문에 비국소성 원리가 발생한다는 봄의 가설을 유럽핵연구센터의 실험물리학자 '존 벨(John Bell)'은 '벨의 부등식(벨의 정리)'이라는 수학공식을 발표하면서 벨 자신의 실험을 제시했다.

가령 두 개의 그릇에 물을 부어 넣고 그릇을 관으로 연결시킨 다음 하나의 그릇에서 물을 빼내면 다른 하나의 그릇의 물도 같이 줄어든다. 두 개의 그릇에는 똑같은 일이 벌어진다. 이와 같이 두 그릇에서 동시에 같은 변화가 일어나는 현상을 비국소성 현상이라 한다. 두 그릇이 연결되어 있지 않았다면 어느 한쪽에서만 국소적으로 물이 줄어드는 현상이 일어났을 것이다. 여기서 두 그릇을 이어주는 '관'이 의미하는 것이 바로 초양자포텐셜이다.

따라서 우주 초기부터 지금까지 양자세계의 입자들(소립자)이 하나로 연결되어 있는 비국소성은 전 우주에 걸친 기본적 속성이라고 할 수 있다. '슈뢰딩거'는 이 현상을 '양자 얽힘(Quantum entanglement)'이라 했다.

이와 같이 봄이 제시한 비국소성 원리는 1982년 프랑스의 물리학자 알랭 아스페(Alaian Aspect)에 의해 실험적으로 증명되었으며, 1997년 '니콜라스 기생(Nicolas Gisin)'의 실험에서도 입증되었다. 이것이 봄의 새로운 비국소성 원리이며, 봄의 이론은 과학 전 분야에 걸쳐 인정을 받게 되었다.

봄은 "우주의 진공은 조금의 빈틈도 없이 '그 무엇'으로 꽉 차 있는 공간."이라고 했다. 여기서 그 무엇을 '활성 정보(active information)'라 했는데 이것이 바로 최초의 것을 말하는 '진여眞如'다. 활성 정보는 시작도 끝도 없으며(무시무종無始無終), 가만히 있는 것이 아니라 끊임없이 작용(움직임)하는 것이라고 했다. 이때의 작용은 단일의 파동장(wave field)처럼 미세하게 움직인다고 보았으며, 이렇게 하나 되어 움직이는 것을 활성 정보의 '전일운동(holomovement)'이라고 했다.

이렇게 거대한 활성 정보의 파동장이 움직이면 파동의 간섭현상(결맞음)이 일어나게 되고 활성 정보의 어느 한 곳에서 파동이 국소화되면서 또 다른 파동장이 나타나게 되는데 이것을 봄은 '초양자포텐셜'이라 했다. 초양자포텐셜은 활성 정보로 채워진 우주 진공에 떠 있는 상태로 생각했으며, 초양자포텐셜도 파동장처럼 움직이기 때문에 파동의 속성상 또 다른 파동장이 파생될 것이다. 이것이 양자포텐셜이다. 이 양자포텐셜에서 또 다른 파동장이 파생한 것을 전자기장이라 했다.

봄의 양자이론에서 가장 중요한 것은 소립자의 이중성(입자/파동의 상보성 원리)과 원자 이하의 미시세계에서는 입자들이 초양자포텐셜이라는 오직 하나의 에너지장으로 연결되어 있다는 '비국소성 원리'다. 이 원리는 거시세계에도 적용할 수 있기 때문에 인체에 적용하면 육체의 모든 에너지장인 분자장, 세포장 조직장, 장기장은 하나로 연결되어 있다.

과학에서는 활성정보, 초양자포텐셜(영점장), 양자포텐셜이라는 이름으로 나누어 설명하고 있지만 깨달음의 세계에서는 진여라는 이름 하나로 통합시켜 이해해도 무방하다. 더 나아가서는 우주는 진여라는 이름의 그 무엇이 하나로 연결되어 있다고 보면 된다. 통찰력은 간단명료하다.

봄의 초양자포텐셜과 같은 의미로 쓰이는 용어로는 비헤르츠 에너지, 정보 에너지, 종파, 정상파, 스칼라 에너지, 복사 에너지, 오르곤 에너지, 중력파, 생명 에너지, 자유 에너지, 영점 에너지, 공 에너지, 역시간파, 동적 에너지장, 미약 에너지, 토션장 등이 있다.

지금까지의 내용을 깨달음의 눈으로 정리한다면,

한마디로 '연기緣起'를 말한다. 양자파동장의 결맞음이 모든 것을 결정짓기 때문이다. 이와 같이 깨달음의 눈(통찰력, 직관력)으로 본질을 보는 것은 단순하고, 간결하고, 자명自明하다. 그래서 깨달음을 얻기 위해서는 내 생각을 내려놓고(무심) 있는 그대로를 받아들여야 한다.

우주는 거시적(3차원)으로 보면 서로 분리되어 있고 생멸生滅이 있으나 미시적(4차원 이상)으로 보면 모든 것은 하나로 연결되어 있기 때문에 생멸이 없다.

정리 노트

진여에 대하여 깨달음의 측면과 현재까지 밝혀지고 연구된 양자물리학의 과학적 측면을 하나로 연결시키는 내용이 위 글의 핵심이다. 이것은 개인의 수련을 통한 깨달음 이전에 이 세상이 어떻게 구성되어 돌아가고 있는가를 가장 근본적인 부분에서 이해할 수 있도록 설명하고 있다.

진여에 대하여 양자물리학을 바탕으로 설명한 글은 이 글이 처음이라 생소할 수 있겠으나, 이는 시대의 흐름에 따라 진여를 이해하는 시각에서 필요한 부분이고 형이상학적이던 진여의 일면을 더 구체적이고 명확하게 알아감은 앞으로 우리가 깨달음의 공부를 해나가는 데 있어서 본인의 의식 확장과 함께 차원, 연기, 영적 문제들을 아는 데 있어서 결정적인 역할을 할 것이다. 나아가서는 아직 우리가 들어서지 못한 학문적, 정신적, 영적 영역에서의 돌파구를 위한 디딤돌 역할을 하는 부분이 바로 위의 진여에 대한 이해의 선행이 필요하다 생각한다. 개인적으로는 이 책의 가장 핵심적이고도 중요한 내용이기 때문에 여러 번 반복하여 읽어보길 권한다.

깨달음은 차원을 높이는 일이다.

1차원은 2차원을 알지 못하고 2차원은 3차원을 알 수 없듯이 3차원에 적응되어 진화한 인간은 4차원 이상 고차원의 세계를 알지 못한다. 양자의 세계(미시세계, 4차원 이상 고차원의 세계)는 공空의 세계다. 따라서 깨달음의 세계는 원리를 공부해서 공을 체득해야 비로소 확실하게 알 수 있고, 원리에서 발현되는 완성된 중도의 지혜로 삶을 살아감으로써 모든 고통으로부터 자유로워지는 대 자유인(해탈자)이 될 수 있다.

지금까지는 코펜하겐 학파의 양자 해석의 모순을 지적한 데이비드 봄의 물질계에 대한 양자이론에 대해 중요한 내용을 살펴보았다.

이제부터는 우주를 운영하고 경영하는 본질(원리)인 '양자파동장(quantum wave field, 양자포텐셜)을 통해 마음(정신계)과 물질(육신, 몸, 물질계)이 어떻게 소통하고 있는지에 대한 봄의 양자이론을 알아보자.

봄의 양자이론은 3차원의 거시세계를 다루고 있는 고전물리학과 4차원 이상 고차원의 미시세계를 다루고 있는 양자물리학(현대물리학)이 개념상으로 충돌을 일으키지 않기 때문에 인간의 몸과 마음은 별개이면서 하나로 연결되어 상호작용(양자파동장의 결맞음)을 하고 있는 것이므로 '양자의학'이라는 새로운 학문을 탄생시키고 있다.

봄은 "우주의 공간을 가득 메우고 있는 '활성 정보(초월의식, 진여)'로부터 근본적(본질적, 원초적)인 정신계(마음)와 물질계가 분화되었고 이로부터 정신계와 물질계는 각기 끊임없이 분화되었다."고 말했다.

봄의 우주론은 활성 정보로부터 물질계의 분화는 초양자장(영점장, 초양자포텐셜)에서 양자장, 원자장, 분자장의 순으로 분화하였으며, 정신계는 초월의식(아뢰야식, 근본의식)에서 집합무의식, 개인무의식, 표면의식 순서로 분화되었다고 했다.

불교의 유식설에서는 심心은 제8아뢰야식, 의意는 제7말나식, 식識은 제6의식을 말하는데, 봄의 용어로는 심은 초월의식(집합무의식), 의는 개인무의식, 식은 표면(표층)의식이다.

불교(깨달음의 세계)에서 말하는 마음의 구성과 봄이 말하는 마음의 구성을 요약해 본다면,

불교에서의 순수한 제8아뢰야식은 진여의 다른 이름으로도 쓰인다. 아뢰야식은 본래 누구에게나 똑같이 갖추어져 있고 무한한 능력을 갖추고 있다. 인간의 본래 마음은 누구나 똑같기 때문에 불성佛性의 씨앗은 누구에게나 다 들어 있다고 말한다. 아뢰야식은 본래 청정무구淸淨無垢해서 텅 비어 있으며 알아차리는 능력(전지全知)과 알아차린 내용을 그대로 작용하는 능력(전능全能)을 지니고 있으며 그 성품은 중도다. 그러나 아뢰야식은 태초로부터 지금까지 배우고 익혀 학습한 모든 것을 저장하는 창고의 역할을 하기 때문에 모든 사람에게 다 갖추어져 있는 본능적인 것과 개개인이 학습한 것(업業)이 함께 저장되어 있다.

다시 말해서 아뢰야식에는 전지전능하며 텅 비어 있는 '본래의 창고'에 전 인류가 경험하고 학습한 것을 저장하는 '선천적인 창고'와 개개인의 업을 저장하는 '후천적인 창고' 3개의 창고가 있다는 말이다.

집합무의식은 스위스의 정신과 의사 칼 융Carl Jung이 발견했다. "집합무의식은 인간이 단세포로부터 지금까지 진화하면서 경험하였던 모든 기억이 그대로 저장되어 있기 때문에 누구에게나 똑같은 내용(본능)으로 저장되어 있다."고 융이 말한 것이다. 다시 말해서 전 인류가 공통된 무의식을 가지고 있다는 말이다.

집합무의식의 특징은 시간과 공간을 초월해서 전파되는 성질, 즉 동시성synchronicity의 원리에 의해 전 인류가 같은 기억으로 지니고 있다.

마음은 양자에너지이기 때문에 소립자다. 따라서 생각에 따라 뇌파가 다르게 나오고, 뇌파도 소립자로 되어 있다. 소립자는 같은 성질을 가진 것끼리 소통(양자파동장의 결맞음)이 원활하다.

집합무의식은 본래 모든 사람에게 평등하게 갖추어져 있다. 우주의 허공도 집합무의식으로 가득 차 있다. 따라서 한 사람의 집합무의식은 우주와 연결됨과 동시에 다른 모든 사람의 집합무의식과도 연결되기 때문에 동시성 현상이 일어나는 것이다.

이것은 데이비드 봄의 양자이론에서 말하는 비국소성 원리와 같다. 이 원리에서 우주의 진공을 조금의 빈틈도 없이 가득 채우고 있는 것이 바로 초양자포텐셜이라고 했다. 따라서 봄이 주장하는 '초양자포텐셜'은 융이 주장하는 '집합무의식'과 같은 것이라 할 수 있다. 이로써 집합무의식은 우주와 연결시키는 기능과 전 인류의 의식을 하나로 연결하는 기능을 한다.

집합무의식은 약 30억 년 전 최초의 생명체인 '원핵세포(핵이 없는 세포)'로부터 지금까지 진화를 거치면서 쌓인 경험을 모두 아뢰야식에 저장했기 때문에 전지전능한 기능(진여의 기능적 측면)을 지니고 있다. 따라서 모르는 것이 없고 하지 못하는 것이 없다(초능력). 모든 생명체가 환경에 적응하고(진화) 스스로의 삶을 살아갈 수 있는 것도 다 집합무의식의 기능 때문이다.

배고프면 밥 먹을 줄 알고, 피곤하면 잠잘 줄 알고, 이럴 때는 이렇게 할 줄 알고, 저럴 때는 저렇게 할 줄 아는 것이 초능력이고 전지전능한 능력이다.

진여가 만들어 낸 모든 존재에는 진여의 성품(불성佛性)이 그대로 잠재해 있기 때문(구족되어 있기 때문)에 깨닫는다는 것은 무엇을 얻는 것이 아니라 본래심本來心(청정심淸淨心)을 회복하는 것(되돌아가는 것)이라 했다. 다시 말해서 구할 것도 없고 얻을 것도 없다는 말이다. 이것이 진여로부터 정신계가 분화한 것이다. 이 사실을 '유식론唯識論'에서는 '아뢰야식阿賴耶識'이라 했으며, 인간의 근본의식(근원적인 마음)이고, 아뢰야식이라는 무의식의 바다는 모든 종자種子를 갖춘 가능성의 바다이며, 영혼의 공간, 무한한 정보창고, 신神의 마음, 신의 공간이라고 과학자들은 말한다. 해탈, 영생, 구원 등을 얻을 수 있는 곳도 바로 여기다.

아뢰야식(마음)은 초양자포텐셜(영점장)과 동시에 진여로부터 분화된 것이기 때문에 의미적으로는 같은 것이다. 다시 말해서 진여(활성 정보)로부터 최초로 분화된 것의 이름을 하나는 마음(정신계)이라 하고, 하나는 물질(물질계)이라 한다. 그렇다고 해서 마음과 물질이 하나는 아니다. 인간의 마음은 육체와 별개의 독립된 존재다. 마음(파동)은 불멸이나 육체(물질, 입자)는 생멸이 있다.

진여의 알아차리는 능력(전지全知)은 정신계로 분화하고 움직이는 능력(작용, 전능全能)은 물질계로 분화하였다.

깨달음의 세계(불교)에서 인간은 오온五蘊(오음五陰), 즉 물질(몸)을 말하는 '색色'과 정신작용(마음)을 말하는 '수상행식受想行識'이 결합한 것이라고 한다. 다시 말해서 몸과 마음이 결합한 것이 인간이다. 이것은 진여가 알아차리는 능력(마음)과 작용으로 물질을 만들어내는 능력(몸)을 갖추고 있는 것과 같다.

최초의 마음, 최초의 물질을 진여라 해도 무방하나 진여에 대해서는 이렇게 단정 지어 말하는 것이 허용되지 않기 때문에 깨달음은 체득體得(증득證得)하는 것을 원칙으로 한다.

체득한다는 말은 원리를 이해해서 지식으로 아는 알음알이가 아니라 원리를 모든 것과 하나로 회통(융합)시켰을 때의 무어라 말로는 표현할 수 없는 환희심歡喜心을 직접 느낌으로 체험해야 한다는 말이다. 체득하지 않으면 실천할 수 있는 힘(지혜, 믿음)이 약하기 때문이다.

정리 노트

체득을 한다는 것은 어떤 것을 명확하게 아는 것이다. 명확하게 아는 것은 우리가 꼭 오감으로 느끼는 그 감각을 통하여 인지하는 것을 얘기하는 것이 아니며, 그것을 통한 경험적 지식이 아니다. 체득은 우리가 기존에 인식하던 것들의 의식적 차원과 아직 경험하지 못하고 인지하지 못하는 무의식적 차원의 통합작용이라 설명하고 싶다. 이 두 차원이 연결되는 순간 우리의 의식은 확장되며 무의식 차원에서 인지 못 하던 부분이 명확하게 알아진다. 체득은 어느 순간에 순식간에 일어나며, 의식의 영역에서 일종의 희열을 맛보게 된다. 마치 그동안 알지 못했던 새로운 무엇인가를 눈으로 확실하게 직접 본 것과 같은 경험이다. 나의 의식이 개인적, 집단적 아뢰야식과 연결이 되는 것이 깨닫는 순간이고 그것을 명확하게 알게 되어 흔들림 없는 믿음이 생기는 것을 체득(증득)한 것이라 할 수 있다. 이때 우리의 뇌는 생리학적으로 실제로 엄청난 화학적 변화가 생긴다고 한다. 뇌에서의 화학적 변화가 느낌으로 엄청난 환희심을 주는 것이다.

자신의 의식 파동이 어느 영역의 의식파동(개인무의식 영역의 파동 또는 집단무의식 영역의 파동)과 결맞음이 일어나는가에 따라 깨닫는 느낌은 동일하지만 깨닫고 체득하는 정도는 달라진다. 이렇게 의식 파동의 결맞음이 어느 영역에서 일어나느냐에 따라서 수많은 깨닫는 과정이 있더라도 그 깊이는 다를 수밖에 없는 것이다. 또한, 같은 영역이라 하더라도 그 주제가 무엇이냐에 따라서도 깨달음의 관점과 해석이 달라질 수 있다. 우리는 꾸준한 자기 사유와 수련을 통해서 자기의식이 가장 근원적인 아뢰야식(집단무의식)의 파동과 결맞음이 일어나도록 지향해야 할 것이다.

봄이 말하는 개인무의식은 불교에서 '제7말나식'이라 한다. 개인무의식은 정신분석학자 지그문트 프로이트에 의해 발견되고 붙여진 이름이다. 말나식은 아뢰야식에 저장된 자기만의 알음알이(업, 지식, 경험)를 바탕으로 하기 때문에 자아의식(아치 我癡, 아만我慢, 아견我見, 아애我愛)을 만들고 자아의식은 모든 것을 자기중심적(이기적)으로 판단해서 제6의식(표면의식)으로 드러낸다. 말나식은 아뢰야식과 의식 사이에서 끊임없이 사량思量하기 때문에 6식이 쉬지 않고 일어나게 하는 중간 역할을 한다고 해서 중간의식이라고도 한다.

집합무의식과 개인무의식을 겉으로 드러내는 것이 표면의식이다. 일상생활을 하는 동안 우리가 가지는 생각, 감정, 오감을 담당하는 상태의 마음을 말한다.

집합무의식의 경험을 개인무의식의 자기중심적(자아의식, 아상, 무명, 알음알이, 지식, 고정관념)인 생각으로 판단해서 행위(표면의식)로 드러내는 데는 약 0.2초 정도 걸린다고 한다.

따라서 인간의 마음은 집합무의식, 개인무의식, 표면의식으로 구성되어 있으며 봄은 마음은 양자에너지(quantum energy)라 하였으며, 집합무의식은 활성 정보(진여)에서 비롯되는 것이라고 했다.

스위스의 세계적인 정신의학자 칼 융Carl Jung은 마음은 물리계의 에너지와 똑같은 개념의 특성을 지니고 있기 때문에 무게를 측정할 수 있다고 하면서 '정신에너지psychic energy'

라는 용어를 사용했다.

　결론적으로 진여의 본래 성품은 중도中道이기 때문에 불교에서 말하는 제8아뢰야식은 텅 비어 있으므로(공空), 이때는 오직 중도만을 알아차리고 작용을 한다. 이것은 전지전능한 '본래의 창고', 즉 어떠한 것도 저장되어 있지 않은 본래의 아뢰야식 그 자체를 말한다. 따라서 이것과 저것이 서로 주고받는 '연기관계'로 존재하고 있는 현상계의 실상이 바로 중도의 모습(중도실상)이다.

　집합무의식collective unconsciousness에는 단세포로부터 수억 년의 진화 과정을 거치는 동안 경험한 모든 경험(기억)이 저장되어 있기 때문에 제8아뢰야식에 본래부터 갖추어져 있는 전지전능한 능력이 거의 다 있다고 보아야 할 것이다. 그렇다고 해서 아뢰야식과 집합무의식이 같은 것(=)이라고 혼동해서는 안 된다. 집합무의식도 아뢰야식에 저장되어 있는 것이기 때문이다.

　집합무의식에는 환경이 변하거나 바뀌는 것에 가장 알맞게 적응하기 위한 돌연변이, 즉 '진화의 주체'로서의 기능이 있으며 하나의 세포인 수정란이 세포분열을 계속하여 여러 개의 세포로 바뀔 때 각각의 세포에는 동일한 DNA가 들어 있기 때문에 어느 시기가 되면 근육세포, 신경세포, 혈액세포, 손과 발이 분화되어 나온다. 이러한 신비스러운 현상에 대해 현대의학에서는 설명을 하지 못하고 있으나 양자의학에서는 집합무의식이 '배아발달의 주체'로서의 기능이 있기 때문에 이 일을 가능하게 한다고 본다. 그 외에 과거로부터 지금까지 경험한 '모든 것을 정보로 저장하는 기능'과 눈, 귀, 코, 혀, 몸(오감)을 통해 들어오는 '외부의 자극을 인식하는 주체'를 현대의학에서는 뇌라고 생각하나 양자의학에서는 집합무의식이라고 한다. 그리고 '모든 본능에 관련되는 것'을 비롯해서 앞에서 이미 말한 '전 인류의 의식'과 '우주와 연결시키는 기능'도 할 뿐만 아니라 직관, 투시, 텔레파시, 원격투시, 예지능력도 갖추고 있다.

봄의 양자이론에서는 모든 과학자가 가장 꺼리는 마음에 대해서 언급을 하고 몸과 마음이 어떻게 서로 연결되는지에 대해 논리적인 체계를 새웠다. 이 논리는 깨달음의 세계의 논리에도 가장 근접해있다.

봄이 말하기를, 3차원의 물질적인 몸과 4차원 이상의 비물질적인 마음은 서로 중첩되어 연결되어 있으나 별개로 존재한다고 말한다. 인간의 몸을 구성하고 있는 분자, 세포, 조직, 장기 및 개체는 각각 고유의 양자파동장(양자포텐셜)을 지니고 있으며, 마음 역시 양자에너지이므로 마음이라는 파동과 몸을 구성하고 있는 각각의 양자파동장은 공명에 의해 서로 연결되고 있다는 것이다.

이와 같이 봄의 양자이론으로 본 우리들은 몸과 마음의 이중구조로 되어 있는 가운데 현대의학에서는 취급하지도 않는 파동적 구조의 3중구조가 삼위일체로 구성되어 있다. 여기서 파동적 구조는 양자파동장, 즉 봄이 말하는 양자포텐셜이다.

양자파동장quantum wave field의 결맞음이 우주의 모든 것을 결정짓는다고 해도 과언이 아니라는 말은 앞에서 이미 말하였다.

인체를 구성하는 분자의 양자파동장, 세포의 양자파동장, 조직의 양자파동장, 장기의 양자파동장, 개체의 양자파동장, DNA의 양자파동장, 유전자의 양자파동장, 발암물질의 양자파동장 등이 있으며, 많은 과학자의 연구를 통해 조금씩 밝혀지고 있다.

인체 양자파동장의 기능으로는 정보전달 기능, 반송파 기능, 외부의 양자파동장 인식기능, 공간의 영점장 에너지 흡수기능, 자기조직화기능, 정보의 저장과 기억기능, 자연치유 기능 등이 있다.

그 외에 특이한 현상으로는 카오스 현상, 프랙탈 현상, 복잡계 현상 등을 찾아내고 있지만 양자파동장이 하는 일에 비하면 빙산의 일각에도 미치지 못한다고 할 것이다.

진여의 파동과 입자의 파동은 본질에 있어서는 조금도 다르지 않다. 이 말은 부처와 중생은 다르지 않다는 말과 그 뜻을 같이한다. 부처는 깨달은 중생이요, 중생은 깨닫지 못한 부처이기 때문이다. 뿐만 아니라 진여의 작용과 자아(에고)의 작용 또한 다르지 않다. 다만 그 성품만 다를 뿐이다.

인체의 양자파동장의 결맞음이 상태가 좋으면 건강도 좋고, 양자파동장에 교란이 생기면 장애가 일어나 질병을 일으키게 된다.

여기서 건강한 상태와 질병의 상태로 나누기 어려운 중간 상태의 경우가 있는데 이 상태를 '미병未病'이라 한다.

이 용어는 현대의학에서는 사용하지 않으나 양자의학에서는 매우 중요하게 다룬다. 미병의 상태는 양자파동장의 결맞음은 이미 교란이 진행되었으므로 조직 및 장기의 기능 장애로 인해 환자는 고통스러우나 구조적으로는 아직 변형이 없고 정상을 유지하고 있기 때문에 검사를 하면 나타나지 않아서 병원에서는 진단을 하지 못한다. 미병의 상태는 질환에 따라 다르기는 하지만 대략 10년~30년간 지속된다.

양자파동장의 결맞음이 개개인에 미치는 영향력을 깨달음의 통찰력으로 관해 본다면 다음과 같다.

사람마다 체질이 다르고 성격, 성향도 다르고 생김새도 다르고 생각(업業) 또한 다르기 때문에 모든 것이 똑같은 사람은 이 세상에 단 한 사람도 있을 수 없다. 이 말은 양자파동장이 똑같은 사람은 있을 수 없다는 말과 같다. 그래서 똑같은 질병에 똑같은 치료를 해도 사람마다 치료 효과는 다 다르게 나타난다. 양자파동장의 결맞음이 사람마다 다 다르기 때문이다.

우리가 말하는 업의 순환(운명) 또한 양자파동장의 결맞음에 의해 결정된다. 개개인에게서 방사되는 파동(오오라AURA, 개체장, 기氣)은 다 다르다. 이 파동은 키를리안Kirlian 카메라로 촬영할 수 있으며, 색상으로 여러 가지의 상태를 파악할 수 있다. 깨달음의 정도(영적 수준)가 높을수록 밝은 백색을 띠고 낮을수록 탁하고 어두운 색으로 나타난다.

마음(영혼)과 몸이 분리되어 죽음을 맞이하는 순간 밝고 흰색을 따라가면 좋은 곳으로 가고, 어둡고 탁한 색을 따라가면 좋지 못한 곳으로 간다고 한다. 이러한 말은 '티벳 사자死者의 서書'에서도 나오고, 임사체험을 한 경우에도 거의 공통적으로 말하고 있다.

이 파동(양자파동장)의 색상을 결정하는 것은 개개인이 과거로부터 지금까지 배우고 익혀 학습한 것(업業)으로 결정된다. 여기에서 '업의 순환 원리'가 나온다.

자업자득, 자작자수, 인과응보도 양자파동장의 결맞음 현상이다.

진여의 성품은 중도이기 때문에 진여(본래심, 청정심, 불심)는 늘 중도(대 화합)만을 알아차리고 작용한다. 이 본래의 능력은 아뢰야식에 저장되어 있으나 자아(에고)가 학습해서 내 것(업)으로 삼고 있는 힘(업력)에 의해 지배를 받기 때문에(퇴화되어) '내 생각(무명, 아상, 고정관념)'만을 알아차리고 그대로 작용한다. 여기서 진여의 알아차리는 능력과 자아의 알아차리는 능력은 조금도 다르지 않기 때문에 '중생이 곧 부처다.'라고 하는 까닭이다.

업력을 이길 수 있는 힘은 원리를 깨달아 체득되는 법력法力(지혜)으로서만이 가능하다.

┌ 정리 노트 ━━━━━

나의 의식의 파동 방향을 원리 체득(아뢰야식, 진여의 성품)의 파동에 맞추어 꾸준히 사유하며 수련을 해야 원리를 깨닫고 체득할 수 있다. 이렇게 체득한 후에도 끊임없이 의식의 파동을 더 깊은 영역의 파동 결맞음이 일어날 수 있도록 정진해야 한다. 이 과정의 전제 조건은 진여의 원리(성품)를 우선 개념적으로 명확하게 이해하고 자신의 의식적 영역을 부분(자아의 사고와 판단)에서 전체(자아를 벗어난 중도적 사고와 판단)적 인지로의 반복적 연습이다.

· ·

오늘날 과학은 많은 연구를 통해 죽음 후에도 마음(영혼, 업, 에너지)은 죽지 않고 영원히 살아있다는 것에 무게를 두고 있다.

사람이 사망한 후 인체가 제 기능을 하지 못하게 될 때도 여전히 20W 에너지의 형태로 세상에 존재한다고 한다. 이 에너지는 죽음의 순간에 사라지는 것이 아니다. 과학에서 가장 자명한 이치 중 하나가 바로 에너지는 사라지지 않는다는 것이다. 새로 만들어지는 것도 아니지만 파괴되지도 않는다(불생불멸不生不滅).

특히, 임사체험을 한 사람들에게서 많은 증거 자료가 나왔으며 진화, 유전 또한 마음은 사라지지 않고 이어져 내려가고 있다는 가장 확실한 과학적인 증거다.

코터티겟 대학교 심리학 교수 링Kenneth Ring은 죽음에 대해 "의식이라는 파동이 우주의 홀로그램 속으로 진입하는 것."이라고 결론 내렸으며, 필라델피아의 임상심리학자 펜즈크 Elizabeth W Fensk는 "임사체험이란? 낮은 주파수로 구성된 인간의 의식이 높은 주파수로 구성된 우주의 홀로그램 영역으로 잠깐 여행하고 돌아오는 것."이라고 말했다.

미국 하버드 대학의 심리학 교수였던 맥더걸William McDougall 교수는 쥐가 미로를 빠져나오는 실험을 통해 세대를 거듭할수록 미로를 빠져나오는 시간이 단축된다는 사실을 발견하였다. 그러나 이는 생물학적인 유전이론으로는 설명이 불가능한 사실이어서 당시의 많은 과학자로부터 외면을 받았다. 그 후 영국의 과학자 크루F. A. E. Crew와 오스트레일리아 멜버른 대학의 에이거W. Agar는 맥더걸과 유사한 실험을 통해 같은 결과를 얻었다. 이로써 유전자를 통해서는 부모의 생물학적(물질적)인 것이 전달되고 마음을 통해서는 조상세대가 학습한 모든 것들이 전달된다는 것이다. 이것은 죽음 후에도 마음이 유전된다는 사실이 밝혀진 것이다.

호주의 시드니대학 정신과 교수 패란트Graham Farrant는 최면기법으로 수정되는 순간을 기억하게 한 결과 정자와 난자 이외에 영혼이 합류하여 수정란의 발생 방향과 분화의 정도를 결정한다고 밝혔다.

이것은 깨달음의 세계에서 말하는 윤회(순환)의 주체인 업이 난자와 정자가 수정되는 순간 인연 따라 찾아 들어가 그 사람의 선천적인 모든 것을 결정짓는다고 말하는 사실을 증명한 셈이다. 다시 말해서 정자−난자와 업(영혼)이 복합적으로 작용해서 한 생명의 선천적인 모든 것(생김새, 성격, 기질, 성향, 주어지는 환경, 운명 등)을 만들어낸다는 말이다. 따라서 지금 나에게 주어지는 여건(환경, 조건, 상황)은 좋은 것이든 나쁜 것이든 상관없이 다 내가 선택한 것이고 내가 만든 것일 뿐 누구의 잘못도 아니다. 과거에 내가 행한 모든 것(업)이 원인이 되어 지금 내 앞에 그 결과(과보)로 주어지는 것이다. 이것이 우주의 순환 원리인 '인과법因果法(인연법因緣法)'이다.

이와 같이 우주는 인과법에 의해 한 치의 어긋남도 없이 운영(경영)되고 있기 때문에 지금 내가 어떻게 생각하고 행동하느냐에 따라 나의 모든 것이 결정됨으로 지금이라는 시간이 가장 중요하다. 지금 행복해야 모든 것이 좋아진다. 그래서 정해진 것(운명, 길)은 있으나 지금 어떻게 하느냐에 따라 바뀌기 때문에 운명은 있으나 없는 것과 같다.

옥스퍼드 대학의 프리이스 교수는 "앞으로의 과학계는 영혼의 존재에 대해 인정할 때가 되었으며 영혼의 연구야말로 과학이 기획해야 할 가장 중요한 분야 중의 하나다. 영혼의 존재에 대한 연구가 본격적으로 진행되면 그동안 인류가 가지고 있던 많은 개념이 전적으로 바뀌게 될 것이다."라고 했다.

⟨양자이론에 관한 내용은 데이비드 봄의 양자이론을 중심으로 강길전, 홍달수 공저 『양자의학』을 참고로 하였으며 두 분의 노고에 감사를 드립니다.⟩

지금까지 깨달음으로 본 진여와 봄의 양자이론을 중심으로 본 진여에 대해 서술하였는데 이것을 이해하고 깨달음으로 회통시켜 개개인의 삶의 지혜로 활용하여 하나씩 체득하면 그것이 수행이다. 깨달음의 세계에서 말하는 진리(원리)를 과학(봄의 양자이론)이 하나씩 밝혀내고 있기 때문이다.

진여가 품고 있는 의미를 지금까지는 깨달음(통찰력, 직관력)이라는 이름으로만 접근하였으나 이제는 깨달음의 내용을 과학이 양자이론을 통하여 더욱 선명하게 밝혀주기 때문에 믿음이 더욱 견고해질 것이다.

지금까지 서술한 내용에 이미 모든 원리가 다 나와 있으며 이 원리를 양자이론으로도 풀어내고 있다.

　지금까지의 내용을 깨달음의 통찰력으로 간단하게 정리한다면 다음과 같다.

　거시세계를 쪼개고 쪼개면 미시세계가 되고 미시세계가 모이면 거시세계가 된다. 거시세계를 쪼개면 쪼갤수록 차원은 높아지고 미시세계가 모이면 모일수록 차원은 낮아진다.

　거시세계(육신)가 흩어져 우리 눈에 보이지 않으면 우리는 죽었다(사死, 멸滅) 말하고 흩어진 것이 다시 새롭게 모이면 우리는 태어났다(생生) 말할 뿐 본래 생사란 없다.

　생사란? 3차원에서 4차원 이상 고차원의 세상으로 오고 가는 순환(윤회)이다.

　우주는 거시세계(3차원)로 보면 서로 분리되어 있으나 미시세계(4차원 이상 고차원)로 보면 서로 얽혀(양자얽힘) 있어 하나다. 다시 말해서 거시적인 안목으로는 자아가 있기 때문에 주관(나)과 객관(너, 경계, 대상, 여건, 조건, 상황)이 있고 시간, 공간, 생멸이 있으나 미시적인 안목으로는 이 모든 것은 없다. 그래서 모든 것은 있는 그대로 공空이다. 따라서 깨달음이란?

차원을 높이는 일이요, 공을 체득하는 일이다.

공의 원리는 무상공無常空, 연기공緣起空에서 무자성無自性, 무아無我가 나오고, 그렇기 때문에 무유정법無有定法이다. 이 모든 말을 하나로 회통시킨 말이 중도中道다.

여기에 우주의 경영(운영) 원리인 인과법因果法(인연법因緣法)을 더 하면 이것이 우리가 깨달아야 할 내용(원리)의 전부다.

03장

진여의 성품인 동시에 우리가
깨달아야 할 대상인 원리란?

여기에 대해서는 필자의 저서 『양자물리학과 깨달음의 세계』
에 상세하게 서술되어 있기 때문에 그것을 참고하기 바라고,
여기서는 원리를 하나로 회통시켜 간결하게 말하고자 한다.

무상이란? 모든 것은 고정불변으로 가만히 있는 것이 아니라 양
자적으로 보면 잠시도 쉬지 않고 변하고 바뀐다는 것을 말한다.
  이렇게 무상한 가운데 서로 주고받는 상호의존성(상호관계성)
으로 모든 존재가 가능하다는 것이 연기의 진리(원리)다. 그래
서 이것이 있기 때문에 저것이 있고 저것이 있기 때문에 이것
이 있으므로 이것이 없어지면 저것이 없어지고 저것이 없어지
면 이것도 없어진다.

무상하기 때문에 이것을 '무상공無常空'이라 하고, 연기관계로

모든 존재가 가능함으로 이것을 이름하여 '연기공緣起空'이라 한다. 따라서 '공하다.'라는 말의 의미는 '나'라고 할 만한 고정불변의 자성이 없다는 말로서 이것을 '무자성'이라 하고, '나'라는 존재는 특정한 하나의 물질로 구성되어 있어 변하지도 않고 바뀌지도 않는 존재가 아니라 이것과 저것이 서로 혼재되어 있는 연기적인 존재이기 때문에 '무아'라고 하나 무아와 무자성은 의미적으로는 같은 말이다.

'나'라고 하는 존재는 3차원(입자)에서는 있으나 고차원(파동)으로 올라갈수록 없어지기 때문에 있는 가운데 근본적(본질적)으로는 없다는 것이 무아다. 또한, 내가 있기는 있으나 나 아닌 다른 여러 요소가 모여 만들어졌으므로 무아는 '비아非我'라는 말이 오히려 맞다. 이와 같이 만상의 본질이 공하기 때문에 인연 따라 정해진 법은 있으나 근본적으로는 정해진 법은 없다. 이것이 '무유정법無有定法'이다. 따라서 만상은 이것은 이것이고 저것은 저것일 뿐 어떠한 분별도 없고 이름도 없다. 그래서 있는 그대로 그냥 무심으로 보는 것이 진리(연기)를 보는 것이다(정견正見, 여실지견如實知見).

우주는 인과법因果法(인연법因緣法)에 의해 한 치의 어긋남도 없이 운영(경영)되고 있다. 인과법이란? 원인과 결과의 관계성(시간의 연기)을 말하는데 원인은 과거에 일어난 일이며, 결과는 그 과보로서 지금(현재) 일어나고 있는 일을 말한다. 다시 말해서 과거의 일은 현재를 만들어내고 현재의 일은 미래를 만들어 낸다는 말이다. 이러한 일은 한두 번으로 끝나는 것이 아니라 시작도 끝도 없이(무시무종無始無終) 연속되기 때문에 인과법은 우주의 순환(윤회)원리다.

이로써 원리를 하나로 회통시킨 것이며, 이것을 하나로 이름한 말이 바로 '중도'다.

팔만사천법문은 이 원리로부터 나온 것이기 때문에 이것을 벗어나지 않는다.

깨달음의 눈으로 본 세상과 과학(양자이론)의 눈으로 본 세상은 일치하고 있다. 그것은 바로 모든 것은 분리되어 있는 그대로 하나로 연결되어 있기 때문에 하나의 '생명공동체'라는 사실이다.

다시 말해서 '만상은 하나다! 따라서 모든 것은 평등하다!' 이 한마디의 말에 깨달음의 세계의 모든 것이 다 들어 있다.

이 말을 화두로 삼고 깊이 참구하면 중도(공空)를 체득할 것이며, 왜 보살菩薩의 삶을 살아가야 하는지에 대한 확실한 믿음이 생길 것이다. 너(객관, 대상, 경계)와 나(주관)의 분별이 사라졌기 때문에 모든 것이 다 내가 됨으로써 비로소 내가 없는 무아無我의 경지에 이르게 된다. 이것이 해탈(대 자유인)이다.

정리 노트

우리는 물질적, 정신적, 영적 차원에서 한순간도 쉼 없이 나 밖의 것들과 주고받는 작용을 하고 있다. 그것 중에서 우리가 확인이 가능한 것도 있으나 나의 오감과 인식으로 인지하지 못하고 미세한 영역에서도 하루하루 끊임없는 변화의 연속선상에서 우리는 살아간다. 이 모든 변화에 대하여 스스로가 인지하고 직시해야 한다. 과거, 현재, 미래의 시간 속에서 진여는 연기라는 시스템을 통해서 작용을 하고 있다. 우주의 시스템 속에서 고정불변할 수 있는 고유한 무엇이 존재할 수는 없다. 이것을 깊이 느껴 확실하게 알게 되면 우선 내가 어떻게 살아가야 할지에 대한 태도가 준비될 수 있다. 위의 태도를 얼마나 잘 갖추어 사느냐의 문제가 얼마나 우리가 영적으로 높은 차원으로 발전해 갈 수 있는지를 결정짓는다. 이 모든 것은 옳고 그름의 관점이 아니라 조화와 균형의 관점이다. 나의 관점이 바뀌어야 세상을 바라보고 이해하는 태도가 달라질 수 있다. 이 바탕이 갖추어지지 않고는 결코 근본적인 행동의 변화는 일어날 수 없다.

04장

거시세계와 미시세계

거시세계는 우리들의 5감으로 인식할 수 있는 현상계(물질계)를 말하고 미시세계(양자세계, 소립자)는 거시세계와 함께하고는 있으나 워낙 미세하기 때문에 우리들의 인식의 대상이 아니다.

거시세계는 3차원이고 미시세계는 4차원 이상 고차원이다. 따라서 인식의 대상은 아니나 양자물리학이라는 과학을 통해 미시세계의 일도 조금씩 밝혀나가고 있다.

거시세계의 일은 뉴턴역학(고전물리학)으로 거의 모든 것이 밝혀졌으나 양자세계에서 벌어지는 양자역학은 이제부터가 본격적인 시작이라고 보아야 할 것이다.

필자는 양자물리학을 알기 이전에는 죽음(영혼)에 대한 이야기나 사후의 세계, 외계인과 UFO에 관한 이야기, 9차원의 행성까지 다녀온 '9일 간의 우주여행' 등과 같은 다소 허무맹랑하다고 생각되었던 이야기에 관해서는 긍정적인 생각보다는 부정적인 생각으로 기울어져 있었다. 그러나 지금은 공식적으로는 긍정도 부정도 하지는 않지만 긍정적으로 보기 시작했으며, 앞으로의 과학은 더 많은 것을 밝힐 수 있을 것이라 믿고 싶은 마음이 지배적이다.

이유는, 부처님께서 말씀하신 경전의 내용이나 깨달음의 원리에도 어긋나지 않고, 과학이 하나씩 밝혀내고 있으며, 특히 외계인과 접촉한 사람들이나 이 부분(UFO)을 전문적으로 연구하고 있는 사람들의 내용이 너무나 일치하는 점이 많다는 것이다.

따라서 지금은 내가 그동안 양자세계(미시세계)에 대해 잘 알지 못하고 있었음을 절실하게 깨닫고 있다.

특히, 부처님께서는 깨달음을 얻으시고 얼마 동안은 깨달음의 내용을 누구에게도 말할 수가 없으셨다. 말을 해 봐야 알아들을 사람도 없을 것이며, 알아들었다 할지라도 인정받지 못할 것을 너무나 잘 알고 계셨기 때문이다. 그래서 형이상학적인 것에 대해 질문을 하면 직답을 피하시고 우회적(독화살의 비유)으로 말씀하심으로써 스스로 깨달을 수 있도록 하신 점과 법화경을 설說하실 때 아라한의 경지를 증득한 10대 제자들마저도 이해하지 못할 것을 염려하여 3단계 정도 낮추어서 말씀을 하신 사실을 이제는 더 절실하게 알 것 같다.

그리고 옛날부터 지금까지 전해져 내려오는 많은 알 수 없는 이야기들에 대해서도 함부로 단정 지어 말하지 않게 되었다.

『나는 금성에서 왔다』는 책의 저자인 '옴넥 오넥'은 1955년 금성에서 UFO로 지구에 온 이후 책을 집필하기 전까지는 자신의 본래 신분을 숨기고 미국에서 7세에 교통사고로 죽은 '쉴라'라는 여자아이의 이름으로 살아왔다. 그녀는 지구인 남성과 결혼해서 낳은 자녀들이 있으며, 지금은 여러 나라를 다니면서 금성의 지혜와 정보를 전하고 나눔을 실천하고 있다. '옴넥 오넥'이 말하고 있는 금성은 물질문명 단계를 넘어선 아스트랄계(정신계)로서 5차원의 세계다. 우리 태양계 내 화성, 목성, 토성 등 대부분의 행성에는 인간보다 진화된 고등 생명체들이 존재하고 있으나 차원이 높기 때문에 인간의 어떠한 장비로도 관측이 불가능함으로써 우리는 실존하는 것이 없다고 말할 수밖에 없다. 그러나 이제는 우리들이 모르고 있을 뿐 없다고 말하기에는 많은 문제점들이 있다.

2500년 전 부처님께서 그러했듯이 옴넥오넥의 이야기를 오늘날 이야기했을 때 진실로 믿는 사람이 과연 얼마나 있을까?

한마디로 말해서 양자물리학과 깨달음의 세계를 잘 아는 사람이라면 4차원 이상 고차원의 세계가 없다고 부정적으로 말하기는 매우 어려울 뿐만 아니라 3차원에 알맞게 진화되어 4차원 이상 고차원의 세계를 알 수 있는 능력(5감으로 보거나 들을 수 있는 능력)이 퇴화된 우리들로서는 바로 옆에서 4차원 이상의 무수한 일들이 벌어져도 알 수 없다. 그러나 인간의 무의식에는 퇴화되기는 하였지만 이것을 알 수 있는 능력(초능력)이 그대로 저장되어 있기 때문에 깨달음의 통찰력이나 과학의 눈으로는 알 수 있는 것이다.

앞으로 과학은 양자물리학이라는 학문을 더욱더 깊게 연구함으로써 인간의 초능력을 무한히 발전시켜 나아갈 것이기 때문에 일부 명상가들이 행하고 있는 개인적인 약간의 초능력에 집착하는 신비주의에 빠지는 어리석은 일은 더 이상 해서는 안 될 일이다.

과학은 모든 인류를 위해 하는 일이지만 명상가들이 하는 것은 과학에 비하면 아무 일도 아닌 초능력일 뿐만 아니라 인류를 위하는 일이 아니고 이기적인(자아ego) 초능력이기 때문이다. 과학이 만든 비행기는 많은 사람을 태우고 세계를 누빌 수 있으며 의학의 발달로 얼마나 많은 인류가 혜택을 받고 있는가! 이것이 진정한 초능력이다. 명상가들이 하는 초능력은 여기(과학)에 비하면 아무 일도 아니라는 말이다.

정리 노트

　미시영역(세계)의 과학의 접근과 발견들이 점차 확대되어 가면서 기존에 서로 따로 떨어져 생각되던 영적 차원의 문제들, 귀신, 외계인, 차원의 영역에 대한 고민들이 하나의 줄기로 꿰어질 수 있는 전기가 마련되고 있다. 미시세계의 작용에 대한 관점으로 위의 요소들을 바라보면 거시영역의 과학(물질과학)을 기반으로는 도저히 설명될 수 없고 증명할 수 없는 현상들이 미시영역(양자세계)을 기반으로 한 과학적 접근으로는 충분히 설명되고 증명할 수 있는 부분들이 점차 늘어나고 있다. 이런 부분들은 영역의 구분 없이 전 영역으로 확산될 것이다. 그 영역이 어느 분야가 되었건 우리의 삶에 매우 깊게 관여하게 될 것이며, 그럼으로써 우리가 세상을 바라보는 지식과 지능과 인지력, 차원의 문제들도 지금과는 다른 더욱 높은 차원에서의 관점과 사고와 상식이 자리 잡는 시대가 올 것이다. 과거에는 이런 높은 차원에서의 각성을 한 사람들이 적었다면, 앞으로는 일정 시간이 지난 후 어느 순간 전 인류가 이것을 이해하고 일반화하는 시대가 올 것이다. 그동안은 물질과 거시영역의 과학을 기반으로 한 영역이었다면, 앞으로는 영적/정신적 에너지와 미시영역의 과학을 기반으로 한 각성과 일반화가 이루어질 것이다. 지구의 인류가 자연스럽게 지금보다 높은 차원에서의 삶으로 나아가는 데 중요한 각성 포인트가 현재의 시대이고 위와 같은 주제가 될 것이다.

05장

일체유심조一切唯心造

'일체유심조'라는 말 하나만 제대로 알고 실천하면 거의 모든 고통으로부터 벗어날 수 있다. '일체유심조'는 마음 다스리는 법(치심법治心法)과 마음 쓰는 법(용심법用心法)의 핵심이기 때문이다.

'일체유심조'에 대한 해석도 사람마다 조금씩 다르게 하고 있다.

그러나 여기서는 가장 쉬운 말로 그 뜻을 가장 명확하게 알 수 있도록 하겠다.

여기에 하나의 사과가 있다. 이 사과를 열 사람이 먹었을 때 사람마다 사과의 맛에 대한 느낌은 다 다를 것이다. 어떤 사람은 시고 달아서 맛있다고 말할 것이고, 또 어떤 사람은 단맛은 좋으나 너무 신맛이 나서 싫다고 말할 수도 있고, 아무튼 사과의 맛에 대한 반응은 다 다를 것이다. 둘로 나눈다면, 사과가 맛있다고 하는 사람과 사과가 맛없다고 하는 사람으로 나뉠 것이다. 그렇다면 이 사과의 맛은 과연 어느 것이 맞을까? 먹는 사람(인연)에 따라서 사과의 맛은 달라지기 때문에 사과의 맛에 대한 고정불변의 정해진 답은 없다는 것이 진실이다. 사과는 맛이 있는 것도 아니요 그렇다고 해서 맛이 없는 것도 아니다. 그래서 사과의 맛은 자성이 없는 것(무자성無自性)이 맞다. 만약에 사과의 맛에 고정불변의 자성이 있다면 어떤 생명체가 와서 먹어도 그 사과는 동일하게 맛이 있든지 아니면 맛이 없어야 한다.

사과의 맛은 물론 사과라는 이름도 본래는 없던 것을 사람이 만들어 붙인 것(명자상名字相)이다. 우리들은 '사과'라고 하지만 미국에서는 'Apple'이라고 말하지 않는가. 그래서 모든 것은 다만 그것은 그것일 뿐, '이것은 이것이다. 저것은 저것이다.'라고 하는 고정불변의 정해진 법은 없다. 이것이 자연의 진실이기 때문에 '일체유심조'라는 말이 성립된다. 다시 말해서 사과라고 하는 대상(객관, 경계)의 맛과 이름은 개개인이 만드는 것이므로 내가 사과라고 하면 사과가 되는 것이고 내가 Apple이라고 하면 Apple이 되고 맛이 없다고 하면 사과는 맛이 없는 것이 되고 맛이 있다고 하면 맛이 있는 것이 된다. 모든 것의 이름은 많은 사람이 소통하기 위해 붙여진 것이다. 이 원리를 일상생활에 활용하면 늘 마음이 고요해지고, 하는 일이 잘될 확률이 높아진다.

이와 같이 사과의 맛과 이름은 사과에게 있는 것이 아니라 내가 만들어 낸다는 것이다. 모든 현상은 그 현상에 관계없이 내가 어떻게 생각하느냐에 따라 결정되기 때문에 '일체유심조'라 한다.

'일체유심조'는 자기최면이다.

"긍정적인 생각을 하라, 늘 감사하라." 이러한 말이 '일체유심조'이기 때문에 나온 말이다. 이러한 현상은 양자이론으로도 증명된 사실이다. 우주는 양자적으로 얽혀 있고(비국소성원리, 양자얽힘), 소립자는 같은 성질(인연 있는 것)을 가진 것끼리는 소통(양자장의 결맞음)이 잘되기 때문이다. 다시 말해서 긍정적인 생각을 하면 우주에서 긍정적인 에너지가 나에게로 들어와 하는 일이 잘되고 마음이 편안해진다는 말이다. 늘 감사하면 감사할 일이 많이 생긴다는 뜻이다. 그래서 똑같은 일에도 미안해하지 말고 감사하라는 말이다.

누구에게나 싫어하는 것과 좋아하는 것이 있게 마련이다. 그러나 이러한 자연의 진실을 깨달아 지혜가 생기면 좋아하고 싫어하는 양 극단에 떨어지지 않고 늘 무심을 유지하게 되는데 이것이 중도中道다.

마음에 들지 않는 남편, 마음에 들지 않는 아내는 남편과 아내의 문제가 아니라 내 마음(내 생각)의 문제다. 이럴 때 '일체유심조'를 잘 활용하면 가정이 평화로워진다. 내 남편, 내 아내는 내 생각으로 만들기 나름이다. 바라는 마음을 없애고 생각하면 그것이 가장 지혜로운 일이다. 남편(아내)에게 바라는 마음을 없애고 나는 다만 사랑하면 된다. 이것이 진정한 사랑이다. 바라는 마음을 없애면 미워하는 마음은 결코 일어나지 않는다. 내가 무엇을 좋아하면 내가 좋다. 바라는 마음이 없으면 그것이 무심無心이다.

우리는 결혼의 대상을 선택할 때 많은 것을 조건으로 따진다. 그러나 아무리 따지고 마음에 드는 상대와 결혼을 해도 만족하고 행복한 인생은 잘 이루어지지 않는다. 무심으로 살면 결혼의 대상이 누가 되었던 만족하고 행복한 삶을 살아갈 수 있다.

세상은 지금 내가 어떻게 생각하느냐에 따라 결정된다는 것이 '일체유심조'의 의미다. 모든 것은 인간(개개인)의 주관적인 판단에 의해 결정되어 질 뿐 본래 고정불변의 자성은 없다.

깨달음을 얻어 자기를 계발하는 일도 이와 같아서 어떠한 마음가짐으로 공부를 하고 수행을 하느냐에 따라 성취도에 결정적인 영향을 미친다.

'일체유심조'를 실천하면 업장業障은 하나씩 하나씩 소멸된다. 업의 순환원리(인과법, 인연법)에 의해 과거에 일어난 일(원인)이 지금 그 과보(결과)로 내 앞에 벌어질 때는 반대로 인연이 맺어지기 때문에 과거(전생)에 내가 그를 괴롭혔다면 지금(금생)은 내가 그에게 괴롭힘을 당하는 인연으로 맺어진다. 이러한 진실을 모르면 나는 그를 미워하거나 나도 그를 괴롭히게 될 것이다. 그러나 진실을 알면 과거의 나를 참회하게 되고 오히려 그를 용서하게 됨으로써 내가 지은 과거의 업장이 소멸될 것이다. 이로써 윤회의 고리는 끊어진다.

이 진실을 모른다 해도 '일체유심조'를 활용해서 괴롭히는 그를 나쁜 사람이 아니라 좋은 사람으로 만들어 버리면 같은 결과를 얻을 수 있을 것이다. 원리를 깨달으면 힘들이지 않고 마음을 다스릴 수 있으나 원리를 모르면 의식적으로 해야 하기 때문에 마음이 이렇게 잘 다스려지지 않는다.

현상적으로 일어나는 인연(조건 상황, 여건)은 진여의 알아차림과 작용으로 인해 일어남으로 오는 인연 막을 수 없고 가는 인연 잡을 수 없다. 따라서 오는 인연이나 가는 인연 모두 있는 그대로 내버려 두고, 다만 '일체유심조'를 잘 활용하면 세상은 저절로 바뀌게 되어 내 마음은 늘 편안하게 된다. 이것이 일상을 하면서 늘 명상과 함께하는 '생활명상'이다.

'일체유심조'의 핵심과 완성은 '무심'이다.

정리 노트

인간의 모든 역사는 어떤 사람의 '생각(IDEA)'에서부터 시작되었다. 자신의 생각만이 이 세상에서 본인의 의도대로 할 수 있는 유일한 것이다. 생각은 가장 유연하고 거대하게 작용할 수 있는 에너지이며 인간 최고의 능력이다. 어떤 문제에 있어서 '어떻게 생각을 할 것인가?'는 우리의 인생에서 매우 중요한 과제다. 그 사람의 인생의 합계는 생각의 합계이기 때문이다.

'일체유심조'로 지혜로운 생각을 내기 위해서는 진여의 성품과 연기의 원리, 공의 원리를 깨닫고 체득하고 이를 자신의 삶에서 끊임없이 실천해 나가는 것이다. 이러한 과정에서 결국 가장 좋은 것은 나 자신이다. 나의 생각이 발전되는 것은 곧 내가 발전하는 것이다. 너무도 당연하고 간단한 논리지만 실제로 자신의 삶에서 실천하고자 하는 태도를 유지하는 것은 결코 쉬운 일이 아니다. 지혜로운 생각은 나와 나 외의 모든 것이 함께 좋은 것이다.

아무리 의지가 있어도 근본 원리를 깨치지 못한 생각은 지혜로운 삶으로 완성이 되기 어렵다. '일체유심조'의 뜻을 '세상사 내 마음먹기에 달려있다.'는 표면적 의미로만 이해만 하고 실천이 따르지 않는다면 그것은 이 말의 뜻을 전혀 모르는 것과 같다. 위의 글을 깊이 생각하며 읽어보고 실천에 옮겨보는 연습을 해 보기 바란다. 알아서 기쁜 것과 체득하여 직접 실천하여 기쁜 것에는 말할 수 없는 만큼 큰 차이를 가져다주고 내 인생의 변화를 줄 수 있다. 이 책의 글들은 읽고 덮어두는 데 있지 않고 직접 그 내용을 자기가 실천할 때 제 역할을 하는 글이다.

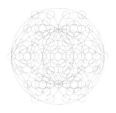

06장

명상을 통한 깨달음과 원리를 깨닫는 것의 관계

중국 당나라 시대의 선승이며 선종禪宗의 제6조이신 혜능慧能 대사(638~713)의 남종선南宗禪에서는 "직지인심直旨人心 견성성불見性成佛", "불립문자不立文字", "교외별전敎外別傳"이라 하였다. 이 말들의 뜻은, 인간을 비롯한 만상(모든 것)은 그 이름이나 생김새, 쓰임새, 업業은 다 달라도 진여眞如의 본성本性에 있어서는 평등하다. 그러나 진여에 대해서는 언어 문자로 세울 수 없는 까닭에 문자(경전)나 말에 의지하지 말고, 깨달음(진여, 법)은 마음에서 마음으로 전하는 것이 진수이니 멀리 돌아가지 말고 본래의 마음자리(진여)로 곧장 들어가라는 말이다.

명상을 하는 이유는 '나'라고 하는 생각(자아의식)을 비롯한 모든 생각, 즉 에고ego(자아自我, 가아假我)의 마음을 완전하게 죽이고 본래의 마음(진아眞我, 참나, 청정심, 진여)을 회복하고자 하는 데 있다. 본래의 마음은 진여의 알아차리는 능력(전지全知)을 의미하고 진여의 성품은 중도이기 때문에 진여는 항상 중도(대화합)를 알아차리고 중도로 행한다. 중도는 상생相生의 관계다. 그래서 우주만상은 서로 주고받는 연기관계로 그 존재가 가능하기 때문에 모든 것은 있는 그대로 공空(아공我空법공法空)한 존재다.

본래의 마음(참나)은 알아차리고 움직이는 작용만 있을 뿐 텅 비어 있다. 따라서 본래의 마음을 회복하기 위해서는 하나에 몰입(집중)함으로써 번뇌 망상(탐진치)이 없는 고요한 마음, 즉 마음을 텅 비워야 한다. 명상은 이러한 이유에서 하는 것이다.

명상수행법은 여러 가지가 있으나 인도의 힌두성자가 하는 수행법과 우리나라에서 전통적으로 하는 간화선(화두선) 수행법을 중심으로 살펴보고 필자의 수행법과 비교해서 말하고자 한다.

인도의 힌두성자 진인眞人(아라한阿羅漢) '스리 락슈마나 스와미 Sri Lakshmana Swamy'의 명상수행법에서는, 일 단계 삼매를 유상삼매有想三昧(savikalpa samadhi), 이 단계 삼매를 합일무상삼매合一無想三昧(kevala nirvikalpa samadhi), 삼 단계 삼매를 본연무상삼매本然無想三昧(sahaja nirvikalpa samadhi)라 한다.

가장 낮은 수준인 일 단계에서는 삼매(집중)의 상태를 놓치지 않고 꽉 붙들 수는 있으나 명상하고 있는 대상으로부터 주의를 빼앗는 다른 생각이 일어나면 집중의 상태가 끝나버린다.

집중하는 상태에서는 진아의 더없이 평온한 행복을 체험하게 된다. 그러나 아직은 '나(에고)'에 의한 체험이어서 참된 진아 체험은 아니다. 다시 말해서 '나'가 사라진 상태에서의 체험은 아니라는 말이다. 명상을 할 때는 마음이 고요하나 명상에서 나오면 다시 시끄러워진다.

이 단계에서는 일시적으로는 '나'가 사라진 참된 진아 체험이 있기는 하나 '나'가 완전히 소멸되지는 않았으므로 그것이 다시 일어날 때에는 분리의식(sense of separation), 즉 개인적 자아가 그와 함께 일어난다.

이것은 마치 흙탕물을 한동안 가만히 두면 흙은 밑으로 가라앉고 그 위에는 맑은 물만 있는 것과 같아서 흔들면 다시 일어나는 것과 같다.

이때의 삼매 상태에서는 자율신경인 교감신경과 부교감신경이 마비되어 마취된 상태와 같아서 외부에서 들어오는 모든 정보가 끊어져 모든 감각기관이 작동을 멈춤으로 생각이나 지각 또는 행동을 할 수 없다. 다시 말해서 우주(3차원 현상계)와 분리된 상태를 말한다. 이것은 요기의 상태일 뿐 진인의 상태는 아니다. 요기는 이 상태에 한 번 들면 몇 년을 그대로 있을 수는 있지만, 아직은 마음이 완전하게 소멸되지 않았기 때문에 최종적으로 마음이 소멸되기 전까지는 그것을 깨달음이라고 할 수는 없다. 흙탕물의 흙이 아직은 남아 있다는 말이다.

최종적인 삼 단계에서는 마음, 즉 '나'가 완전하게 소멸되어 진아와 합일된 상태, 흙이 완전히 없어진 상태다. 이것은 에고는 소멸되고 작동을 멈추는 대신 진아가 작동을 한다는 말이다. 따라서 진인은 감관과 육체가 정상적으로 작동하기 때문에 보통의 사람들처럼 세상을 살아갈 수 있다. 그래서 진인과 보통 사람을 그냥 보면 분별하기가 쉽지는 않다.

진인은 진아(진여)의 성품(완성된 지혜)으로 살아가고 보통사람들은 개개인의 업식業識(업의 작용)으로 살아간다.

여기서 마음이란? 에고를 말하고, 에고는 '나'라는 생각이고, 이것은 다른 모든 생각이 일어나기 전에 심장(가슴 오른쪽에 있는 에테르체, 즉 에너지와 물질의 중간 형태 심장)에서 일어나는 원초적인 생각을 뜻한다. '나'라는 생각은 자신이 하나의 마음과 하나의 육신을 가진 별개의 독립된 인간이라고 생각하게 만든다. 이 생각으로 인해 모든 것은 주관(나)과 객관(너. 경계, 대상)으로 벌어지기 때문에 이것을 무명無明이라 한다.

결국 진인의 경지, 본연무상삼매에 들기 위해서는 '나'라는 생각(마음)이 그 근원인 심장으로 돌아가서 죽어야 한다.

수행 중에 자신도 모르게 신비주의에 빠지면 진인의 경지에 오르기는 어렵다. 진인에게서 종종 신비스러운 현상이 일어나도 자신이 그러한 현상이 일어나도록 했다고 말하지 않고 다만 진아의 힘에 의해 일어난 것이라고 말한다. 따라서 진인은 초월적인 능력을 추구하거나 과시하는 사람들을 어리석게 생각한다. 이러한 습득된 능력들은 에고의 산물이기 때문이다.

개인적 자아(에고)가 죽으면 초능력을 행사할 '나'도 없고, 그것을 보여줄 '너'도 없다.

우리는 초월적으로 수행(고행)을 한다든가 초자연적인 능력을 지니고 있으면 그 사람의 깨달음의 정도에 관계없이 많은 관심을 가진다. 이러한 현실에 걸리면(집착하면) 수행자는 거기에서 머물러 더 이상 깨달음은 없다.

진인 '스리 락슈마나 스와미'는 이렇게 말했다. "내가 1950년

대에 인기와 명성을 얻은 것은 고행자적 생활 방식에서 온 것일 뿐이다. 이유는 진아와 합일된 경지에 올라 더 이상 명상이 필요 없게 됨으로써 내가 정상적으로 살아가기 시작하자 사람들은 모두 나를 혼자 있게 내버려 두었다네."

합일무상삼매를 성취한 사람(요기)은 초능력을 발휘할 수 있으며, 이러한 사람은 많이 있다. 그러나 본연무상삼매의 상태에 도달하여 깨달은 존재는 아주 드물다.

'스리 락슈마나 스와미'의 스승인 남인도 아루나찰라의 진인 '스리 라마나 마하르쉬Sri Ramana Maharshi'는 이렇게 말했다.
"환영이나 초능력은 마음의 부산물이며, 깨달음에 도움이 되기보다는 오히려 장애가 된다. 이것들을 일부러 추구하지 말라.
자연스럽게 환영이 나타나는 경우, 그것을 영적 진화의 증거로는 인정하기도 하였으나, 환영은 어디까지나 마음속에 나타난 일시적인 현상일 뿐이며, 깨달음보다 낮은 차원이다.
또, 초능력의 경우는 그것들에 집착하게 될 위험성이 있다.
초능력은 에고를 없애기보다는 에고를 더 키우므로 초능력을 추구하는 욕구와 깨달음을 추구하는 욕구는 상반된다.
진아는 가장 친근하면서 영원한 실체이지만, 초능력은 낯설다.

초능력을 가지려면 끊임없이 노력해야 하지만, 진아는 그렇지 않다. 초능력은 바짝 긴장한 마음에 의해서만 추구할 수 있지만, 진아를 깨닫는 것은 마음이 사라졌을 때이다.

초능력은 에고가 있을 때만 나타나지만 진아는 에고를 초월해 있으며 에고가 사라진 다음에야 깨달을 수 있다."

명상의 궁극적인 목적은 진아 자각이 어떠한 경우(행주좌와 어묵동정行住坐臥 語默動靜)에도 끊어지지 않는 것, 즉 진아와 합일되는 것이다. 따라서 진아 자각이 끊어지는 사람에게는 명상이 필요하나 끊어지지 않는 사람에게는 더 이상 명상은 필요치 않게 된다. '나'를 죽이고 진아와 융합하였기 때문에 진아 자각은 자동적이고 지속적인 일이어서 자각을 유지하기 위한 그 무엇도 필요치 않다. 진아는 명상을 할 수 있는 개인이 없으며, 그와 별개인 명상의 대상도 전혀 없다. 이 자리에는 인간에 의해 만들어진 언어, 문자, 종교, 개념 등 그 어떠한 것도 붙을 수 없으며, 다만 진인은 자신이 존재하는 그대로, 즉 진아로서 머물러 있을 뿐이다. 무엇을 하든 중도, 무심, 최상의 지혜로 살아갈 뿐이다.

'나'를 완전하게 소멸시켰기 때문에 무엇을 하든 자연스럽게 진아가 작용할 뿐이다. 내가 하는 모든 것의 주체는 진아다.

'나'는 죽고 진아의 성품이 곧 '나'다.

진아를 깨닫기 위해서는 건강한 몸을 지니고 있어야 한다는 사람도 있으나 그것은 그렇지 않다. 다만 순수한 일념의 마음만 있으면 된다. 그러나 몸이 건강하지 않으면 깨달음을 얻고 난 뒤에는 '나'가 죽으면서 신경계통에 극심한 교란이 일어나므로 온갖 육체적 고통을 다 겪어야 하기 때문이다.

'스리 라마나 마하리쉬(1879~1950)'는 그의 저서 『있는 그대로』에서 이렇게 말했다.

"요가 수행자는 목동이 막대기로 소를 몰고 가듯이 자신의 마음을 목적지로 몰고 가려고 한다. 하지만 내가 권하는 참 자아 탐구는 풀을 한 움큼 내밀어서 소가 스스로 따라오게 하는 것이다."

이렇게 하려면 스스로에게 '나는 누구인가?'를 끊임없이 물어야 한다. 이 탐구를 통해 자신의 내면에 본래 갖추어져 있으나 마음(생각, 번뇌, 망상, 무명無明, 아상我相)에 가려 보이지 않던 그 무엇(진여眞如, 참 자아)을 발견하게 될 것이다. '나는 누구인가?'라는 의심에서 확실한 깨달음을 얻으면 나머지 문제들은 저절로 다 풀리게 될 것이다. 참 자아(본래 항상한 것, 최초의 것)에서 모든 것은 다 생겨났기 때문이다(진공묘유眞空妙有). 참 자아(진아眞我)를 본다는 것은 바로 공空(연기공緣起空, 무상공無常空)을 본 것이다.

그러나 참 자아는 아무리 보려 해도 보이지 않는다. 진여는 에너지이며 알아차림(전지全知)과 움직이는 작용(전능全能)만 있을 뿐 텅 비어 있기 때문이다. 본래부터 항상한 것을 보지 못하는 이유는, 우리들은 육체를 자기 자신과 동일시하는 것이 습관화되어 눈으로 볼 수 있는 것만 존재한다고 말한다.

보이는 것은 무엇이고, 보는 자는 누구이며, 어떻게 보는가? 오직 하나의 의식(생각)만 있을 뿐이다. 그 의식이 '나'라는 생각으로 나타나 육체와 자신을 동일시하고, 눈을 통해 스스로를 투사하여 주위의 사물을 보는 것이다. 다시 말해서 감각을 통해 경험한 것만을 확실한 것(존재)으로 여긴다.

보는 사람(주관), 보이는 대상(객관), 보는 과정이 모두 동일한 의식, 곧 '참 자아'의 나타남이라는 진실을 받아들이지 않는다. 깊게 보면 참 자아가 눈에 보여야만 한다는 고정관념에서 벗어날 수 있을 것이다. 눈에 보이는 것의 본질은 눈에 보이지 않는다.

　우리들은 지금 존재하고 있다는 사실을 무의식중에 느끼고
있다. 어떻게 그렇게 느낄 수 있는가? 이것은 참 자아가 있기
때문이다. 거울 속에 비친 자신을 보고 있다는 것을 아는가?
거울에 비친 자신의 모습을 보지 않고도 존재하고 있다는 사
실을 알고 있지 않은가? 이점을 깨닫도록 하라. 이것이 진리다.

　참 자아(진여, 본래 자리, 열반의 경지)에는 생멸 변천함이 없
는 영원불멸의 '상常', 생사의 고통을 여의고 무위無爲 안락한 '락
樂', 진실한 자아로서 '아我' 번뇌의 더러움으로부터 벗어난 '정淨
(담연청정湛然淸淨)'이 본래 구족(갖추어짐)되어 있으므로 누구나
본래의 상태는 평화롭다. 그러나 번뇌 망상(무명)이 본래 상태
를 가로막고 있다. 그래서 세상은 본래 조용하나 사람마다의
다른 생각 때문에 늘 시끄럽다. 만약 평화를 체험하지 못한다
면 그것은 그대가 오직 마음(생각)으로만 참 자아를 탐구했기
때문이다.

　마음이 무엇인지 탐구해 보라. 그러면 마음은 사라질 것이
다. 마음과 생각은 하나다. 생각과 떨어져 있는 마음은 없기

때문이다. 그럼에도 불구하고 우리들은 생각을 일으키는 그 어떤 것이 있을 것이라고 짐작하고 그것을 마음이라고 부른다. 마음이 무엇인지 깊게 사유해 보면, 그런 것은 본래 존재하지도 않았다는 사실을 알게 될 것이다. 이렇게 해서 마음(생각)이 사라질 때 우리들은 영원한 평화 상태에 도달한다. 일시적으로 마음이 고요해진 상태와 생각이 영원히 소멸된 상태(자아소멸)가 다르다는 사실을 아는 사람은 많지 않다. 생각이 일시적으로 가라앉아 고요한 상태는 아무리 오랜 시간 동안 지속된다 할지라도 집중상태가 끝나자마자 다시 일어난다. 마음은 일어나고 가라앉는 것이 속성이기 때문이다. 따라서 구원에 이르는 가장 쉽고 가장 직접적이고 가장 빠른 지름길은 참 자아 탐구수행이다.

참 자아 탐구수행을 하면 생각의 힘이 점점 깊어져 결국 생각이 나온 근원에 도달하게 된다. 그러면 일체의 생각이 그 속으로 녹아들어간다. 이때 모든 생각이 일시에 그리고 영원히 소멸하면서 수행자는 어떤 내면의 느낌 속에서 휴식을 하고 있음을 알게 될 것이다.

참 자아는 늘 지금 여기에 있는데 수행자는 왜 그 사실을 느끼지 못하는 것일까? 느끼지 못하는 그 사람은 누구인가? 참 나인가 아니면 거짓 나인가? 참구해 보면 거짓 나라는 사실을 알게 될 것이다. 그것이 참 나를 가리고 있는 장애물이다. 참 나가 드러나기 위해서는 거짓 나가 없어져야 한다. 나는 아직 깨닫지 못했다는 느낌이 깨달음을 가로막고 있는 장애물이다. 사실은 누구나 본래 깨달아 있는 상태에 있기 때문에 더 이상 깨달을 것은 없다. 그렇지 않다면 깨달은 새로운 그 무엇이 있어야 한다. 만약에 새로운 그 무엇이 있다면 새로 생기는 것은 없어질 것이다. 깨달음이 영원하지 않고 사라지는 것이라면 추구할 가치가 없다. 따라서 우리가 추구하는 깨달음은 새로 생기는 그 무엇이 아니다.

그래서 누구나 다 본래 깨달아 있는 부처고, 깨달음은 새로운 그 무엇을 얻는 일이 아니라 우리가 본래 부처라는 진실을 확실하게 아는 것이 깨달음이다. 다시 말해서 본래 자리를 회복하는 일(되돌아가는 일)이므로 얻을 바 없는 것이 깨달음이다.

"부처가 어디에 있습니까?" "그렇게 물어보는 네가 바로 부처다." 이렇게 말해주면 그 진실을 믿지 못하기 때문에 부처가 되지 못하는 것이다.

우리가 추구하는 깨달음은 지금은 깨닫지 못해(장애물에 가려)

볼 수 없지만 영원히 현존하고 있는 그 무엇이다. 우리는 장애물만 제거하면 된다. 무지(무명)가 장애물이다. '나라는 생각'이 곧 무지이다. 이 생각이 일어나는 근원을 탐구하도록 하라. 그러면 '나라는 생각'은 소멸될 것이다. 이 생각은 육체와 더불어 나타났다가 육체와 더불어 사라진다. 육체가 '나라는 생각'은 그릇된 나의 관념이다. 이 생각을 죽여라. 이렇게 생각하는 그 '나'가 누구인지 찾아보라. 근원을 탐구하면 그대가 말하는 '나'는 사라질 것이다.

'나는 나(나는 스스로 존재하는 나)'라는 말은 진리의 요약이다. 여기에 이르는 방법은 '고요하라'는 말로 요약할 수 있다. '고요하라'는 말은 그대가 생각하는 그대 자신을 소멸시키라는 뜻이다. 그대가 '나'라고 생각하는 모든 형상과 모양은 혼란의 원인이 되기 때문이다. '나는 이런저런 사람'이라는 생각을 포기하라. '나'에 대한 모든 것을 나는 모르는 일이다. 고요해지기만 하면 참 자아를 깨닫는다.

이보다 더 쉬운 일이 어디 있는가? 자신의 진정한 본성을 아는 것이 유일하게 추구할 가치가 있다는 말이다. 우주만상의 본질(본성)은 진여다. 수행의 모든 노력을 여기에 집중하여 가슴으로 예리하게 체득하여야 한다. 본성을 깨닫고 나면 탐진치

貪瞋癡 삼독三毒으로 더럽혀진 마음의 활동은 멎고 투명해질 때 그 순수한 의식에 비친다.

　깨닫고 나면 진여의 성품이 중도이기 때문에 거짓 나(자아)도 완성된 중도의 지혜(무심)로 일상을 살아가게 된다. 이것이 참 자아와 하나로 계합(융합)하는 것이다. 지혜가 완성되면 어디에도 걸림이 없는 해탈의 경지에 들게 된다.

　깨달음의 과정은 점차적이나 깨닫는 것은 순간적(돈오頓悟)이다. 이것은 마치 깜깜한 방에 전기를 켜면 한순간 즉시 밝아지는 것과 같다.

　본성(근원, 진여, 참 나, 본래 자리)을 탐구하는 것은 지적인 탐구가 아니라 내적인 탐구다. 마음(생각)은 '나'라고 하는 주관이 '너'라는 객관(대상)을 만났을 때 일어난다. 이때 마음이 누구에 의해서 어디에서 일어나는지? 찾아보라. 그리하면 '나라는 생각'이 일어나는 근원(뿌리)을 알게 될 것이다. 더 깊게 들어가면 '나라는 생각' 자체가 사라지고 참 자아의 순수한 의식만이 끝없이 확장된다. 참 자아(진여)는 알아차림과 움직이는 작용만 있을 뿐 텅 비어 있기 때문이다. 모든 생각은 내가 만드는 것임을 명확하게 알게 된다. 따라서 '내 생각(아상我相, 무명無明, 알음알이, 지식, 업業)을 죽이는 것이 본성으로 되돌아가는 일이다.

참 자아(진아眞我)는 늘 '나(가짜 나, 가아假我ego)'와 함께하고 있기 때문에 떨어지려 해도 떨어질 수 없다. 그러나 참 자아는 고차원(미시세계)이기 때문에 우리가 느낄 수 없다. 우리는 거울을 보지 않고는 자신의 눈을 볼 수 없다. 보이지 않는다고 해서 눈이 없는 것은 아니다. 마찬가지로 참 자아가 객관적으로 인식되지 않아도 우리들은 늘 참 자아 상태에 있다. 우리들이 하는 모든 행위는 참 자아에 의해 일어나는 것이기 때문이다. 다만 참 자아의 다른 모습일 뿐이다. 우리들은 상식적(고정관념, 아상)인 지식에 익숙해져 있기 때문에 모든 것을 상대적으로 인식하려고 한다.

지금 우리나라의 대표적인 선수행법은 화두를 참구하는 '간화선看話禪(화두선話頭禪)'이다. 간화선은 조사선祖師禪에서 나온 것이기 때문에 수행법의 근본 원리는 같다. 즉, 수행자는 의심에 걸려야 하며 그 의심이 깊어져 온몸에 꽉 차게 되면 시절인연을 만나 의단疑團이 타파되면서 돈오頓悟를 체험하게 되는 점이 같다고 할 수가 있다. 다만 조사선은 선지식(스승)은 제자의 공부가 무르익었음을 알고 결정적인 순간 제자가 간절히 물어오면 시절인연을 살펴 줄탁동시縡啄同時의 기연機緣을 선보이기 위해 한 마디의 말을 던진다. 이때 홀연히 깨달으면(언하대오言下大悟, 언하변오言下便悟) 조사선이고, 선지식이 던지는 한마디의 말에 깨닫지 못하면 제자는 의심이 더욱 깊어지게 됨으로써 그 말이 화두가 되어 참구해 들어가는 것이 간화선이다. 따라서 화두는 인연 있는 것이라야 활구가 된다. 오늘날 수행자가 의심에 걸리지도 않은 상태에서 화두를 주는 것은 스승으로서는 해선 안 될 일이다. 조사선이나 화두선은 스승의 역할이 매우 크기 때문이다.

이렇게 스승은 제자와 일대일로 상대함으로써 참선공부를 하지 않으면 안 되게끔 담금질을 하는 것이 조사선의 가풍이다.

간화선 수행에 있어 3가지 필수적인 요소는 대신근大信根, 대의문大疑問, 대분지大憤志다.

대신근이란? 투철한 믿음이다. 화두는 물론 화두를 제시해 준 스승에 대한 믿음이다. 스승을 믿지 못하면 화두가 될 수 없기 때문이다. 스승을 믿는다는 것은 진리(진여)에 대한 믿음이다.

'무無'자 화두에서, 모든 것에는 불성佛性이 다 있다고 부처님 말씀에서나 스승에게서 배운 제자가 지금 스승에게 물으니 없다고 하였다. 지금 없다고 하는 스승을 믿자니 부처님을 어기는 것이 되고 부처님을 믿으면 스승을 어기는 것이 되니 제자는 숨이 콱 막힐 수밖에 없다.

대의문이란? 화두 자체에 대한 의문으로서 이때의 의문은 자신의 본질적인 문제(나는 누구인가?)에 대한 의문으로서 자신의 철저한 체험을 통하여 스스로 체득(증득)하여야 한다. 여기서 가장 중요한 것은 화두와 내가 하나로 융합하는 화두일념이다. 오직 화두만 있어야 하기 때문에 이때는 부처를 만나면 부처를 죽이고 조사를 만나면 조사를 죽이라고 한다. 그 어떠한 것도 용납되지 않는다.

대분지란? 화두가 끊어지지 않게 하는 정진精進이다. 화두를 들다가 죽을지언정 결코 물러서지 않겠다는 다짐이다.

화두는 답을 구하는 것이 아니기 때문에 답은 없다. 다만 강력한 의심을 불러일으키려는 하나의 수단이다. 진여(참나, 진리, 법, 부처, 본래심)를 깨닫게 하기 위한 하나의 방편이다. 진여는 인간의 모든 개념을 초월해 있기 때문에 입을 여는 순간 이미 잘못되는 것이므로 답이 없다. 오직 깨달음으로 체득하는 길뿐이다.

화두는 마치 군대에서 사용하는 암구호와 같아서 '개나리-진달래'가 그날의 암구호일 때 '개나리' 하고 물으면 '진달래' 하고 답하면 아군이고 그렇지 않으면 적군이라는 것을 알아차리는 수단일 뿐 '개나리-진달래'라는 말에는 아무런 의미가 없다.

양귀비가 안녹산과 밀애를 할 때 그의 몸종인 소옥의 이름으로 "소옥! 소옥!" 하면 아무도 방해하는 사람이 없으니 들어와 밀애를 나누어도 좋다고 하는 것도 이러한 이치와 같다.

결론적으로 힌두성자들의 수행법이나 우리나라의 간화선 수행법은 명상수행법인 것은 같다. 명상은 몰입(집중)하는 것이다. 무엇(호흡, 화두 등)에 집중하느냐에 따라 수행방법은 달라진다. 몰입을 하는 이유는 번뇌 망상을 죽이기 위해서다. 번뇌 망상은 '나ego'로 인해서 일어나고, 번뇌 망상은 '내 생각'을 의미한다. 따라서 명상의 궁극은 '나', 즉 '내 생각'을 죽이고 진여(진아)와 합일(융합)하는 데 있다.

지금의 '나'는 오온五蘊(색수상행식)이 인연 따라 모인 것이다. 다시 말해서 육신(몸, 색)에 정신작용(수상행식, 알아차림)이 융합된 것이다. 여기서의 정신작용은 윤회의 주체인 업을 말한다. 진여(진아)의 알아차림과 업의 알아차림은 같다. 다만 업의 성품은 자아의식(자기중심적)에 의해 가장 많이 만들어지기 때문에 이기적이고, 진여의 성품은 모든 것을 하나로 화합하는 중도다. 따라서 업은 거의 모든 것을 이기적으로 알아차리고, 진여는 늘 중도로 알아차린다는 말이다. 알아차리고 나면 알아차린 내용 그대로 작용하게 되어 있다.

명상의 최고 경지는 에고(자아)를 소멸하고 진아와 합일하는 것이다. 이 일은 에고의 성품(에고의 정신작용, 이기적)으로 살아가든 나를 진여의 성품(진여의 정신작용, 중도적)으로 살아가게 하려는 것이다. 이것은 모든 수행의 궁극이다.

원리를 깨달아 중도를 체득하면 '나'라고 하는 모든 업식(에고의 성품)은 다 사라지고 진여(진아)의 성품을 회복함으로써 지혜가 완성되고(전지) 그 지혜로 행行(전능)하기 때문에, 힌두성자들이 말하는 '나'가 심장(오른쪽 가슴에 있는 에테르 심장)으로 들어가 완전히 죽음으로써 진아와 합일된다는 것과 같으며 간화선에서 중요시하는 화두삼매에 든 상태에서 화두를 타파하고 자기 자성을 보고 깨닫는 것(견성성불見性成佛)과도 같다.

13세기 고려의 보조국사 지눌知訥은 수행의 핵심은 산란한 마음을 한 곳으로 모아 정신적 통일을 이룬 선정禪定의 상태를 유지하면서 사물의 본질을 파악하는 지혜智慧를 함께 닦아야 한다는 '정혜쌍수定慧雙修(지관쌍수止觀雙修)'를 주장하였다. 여기서 선정은 간화看話(명상)이고, 지혜는 간경看經이다.

선에도 치우치지 않고 혜에도 치우치지 않아야 한다. 어느 한 곳으로 치우치면 중도의 진리에도 어긋난다. 중도는 양극단을 떠나있기 때문이다.

선불교의 특징은 스승은 제자에게 알아들을 수 없는 선문답을 하거나 행동(할喝, 봉棒)으로 의심이 끊어지지 않도록 하는 것이었다. 제자가 스승에게 '법(부처, 본래 자리, 참나, 진여)이 무엇입니까?'라고 직접 물으면 결코 풀어서 설명해 주지 않는다. 만약 풀어서 설명을 해 주고 이해를 시키면 의심 줄이 끊어져 제자는 깨달을 수 있는 인연이 멀어지기 때문이다. 법(진여, 부처)이란? '법을 법이라 하면 그것은 이미 법이 아니다.' '언어도단言語道斷(말길이 끊어졌다.)이요, 개구즉착開口卽錯(입을 여는 순간 그르쳤다.)이며, 불립문자不立文字(말이나 글로 나타낼 수 없다.)고 교외별전敎外別傳(경전이나 책으로 전할 수 없다.)이며 직지인심直指人心 견성성불見性成佛(곧 바로 사람의 마음을 가리켜 본성을 보아 부처를 이루게 한다.)'이다.

이러한 이유로 스승은 제자에게 진여의 작용을 여러 형태로 드러내 보임으로써 깨달음의 길로 인도하는 것이다.

화두의심은 몰입이고 집중이다. 따라서 의심하는 것이 명상이다.

세상 만상은 무상無常(변하고 바뀌는 것)의 원리(진리)와 연기緣起(이것과 저것의 주고받는 관계)의 원리로 그 시대를 풍미하고 있는데 깨달음의 세계의 수행 방편은 전통이라는 이름으로 무상과 연기의 진리를 거스르고 수천 년을 명상수행에서 벗어나지 못하고 있다.

그렇다면 깨달음의 세계에서는 무슨 이유로 오랜 시간 명상수행을 전통으로 삼고 있는가? 한마디로 말한다면, 진여에 대한 부처님의 말씀을 있는 그대로 받아들이지 못한 것이 가장 큰 원인이고, 깨달음의 세계(형이상학, 사유의 세계, 명상, 종교)는 고차원의 세계인데 반해서 과학(형이하학, 현실의 세계)은 양자물리학(양자세계)이 발달되기 이전인 19세기까지는 주로 3차원의 현상계(물질계)를 연구하였기 때문에 고차원인 깨달음의 세계를 이해하기에는 매우 어려웠으므로 과학이 명상(정신계)에 대해 아는 것이 너무나 적었기 때문이다. 그러나 20세기에 접어들면서 양자물리학과 더불어 1976년부터는 뇌 과학이 급속도로 발전하면서 이제는 명상을 하지 않고도 기기의 도움으로 명상의 궁극(멸진정)에 도달하게 되었다.

앞으로는 인공지능(AI)의 개발로 기기가 깨달음의 세계(미래)를 어떻게 바꾸어 나갈지 아무도 명확하게 예측할 수 없는 실정이다.

불교의 『반야심경』에서 "색즉시공色卽是空 공즉시색空卽是色"은 데이비드 봄의 파동과 입자는 동전의 양면과 같은 상보적인 관계이고 동시에 존재하기 때문에 이 현상을 그대로 깨달음(종교)의 통찰력으로 관觀한 것이다. 여기서 '색'은 입자(물질, 유有)를 말하고 '공'은 파동(비물질, 무無)을 말하는데 색과 공이 같다는 뜻이기 때문이다. 또한, 데이비드 봄은 이것을 '파립자波粒子'라고 말한 것과 입자는 파동에 의해 만들어졌기 때문에 입자보다 파동이 먼저라고 말한 것에도 그대로 적용된다.

왜냐하면, '진공묘유眞空妙有'이기 때문이다. 다시 말해서 진여는 에너지이고 에너지는 파동인데 여기에서 만상이 창조되었기 때문이다. 과학과 종교는 오랜 시간 평행선을 달려왔으나 이로써 서서히 가까워지기 시작했다. 양자의 세계는 고차원의 세계이므로 종교와 과학이 서로 도우면 현상계를 더욱더 선명하게 설명할 수 있었기 때문이다.

이 사실을 과학과 깨달음의 세계(종교)와의 연기관계로 살펴본다면 다음과 같다.

연기의 진리로 볼 때 소승불교(초기불교)는 힌두문화의 영향을 많이 받을 수밖에 없었으므로 아라한의 경지(성자)에 올라 윤회의 고통으로부터 영원히 벗어나는 해탈(열반)이 수행의 목적이었다. 그러나 차츰 대승불교로 바뀌면서 보살사상이 발전되고 보살은 의도적으로 열반에 들지 않는다. 중생을 제도하기 위해서다. 지장보살은 "지옥에 있는 중생들이 한 사람도 남아 있지 않을 때까지 나는 열반에 들지 않으리라."라고 말하면서 지옥을 수행의 도량으로 삼았다.

이와 같이 소승불교와 대승불교는 불교라는 이름은 같으나 수행의 목적은 다른 종교라 해도 무방할 정도로 다르다.

보조국사 지눌知訥은 정혜쌍수定慧雙修(지관쌍수止觀雙修)를 주장하였다. 선정은 간화看話(명상)를 말하고 지혜는 간경看經을 말하기 때문에 명상과 원리를 함께 공부하라는 말이다.

간경은 경전을 공부하는 것으로서 너무나 방대하다. 그러나 필자가 제시하는 원리는 모든 경전의 핵심을 다 녹여 하나로 간결하게 회통시킨 것이므로 원리를 이해하고 깨달으면 팔만사천법문과 하나로 통한다. 간화는 명상이기 때문에 고행을 하면서까지 지나치게 할 필요는 없다. 다만 원리로서 간경을 대신하되 원리를 깨치고자 하는 간절한 마음(몰입, 집중, 의심, 사색, 사유)으로 하면 그것으로 명상은 충분하다는 말이다. 이렇게 하면 수많은 마구니 장애 같은 부작용은 일어날 수가 없고, 원리를 하나씩 깨치다 보면 어느 날 홀연히 모든 것이 하나로 회통되는 그 날이 온다.

만약에 극단적으로, 간경을 전혀 하지 않아서 원리를 모르는 사람이 명상(간화)만으로 진여와 합일(확철대오)을 하였다면 과연 그 사람의 지혜가 완성의 단계에 이르렀다고 말할 수 있겠는가?

명상이 건강에 미치는 영향력은 많다고 하겠으나 명상만으로 깨달음에 미치는 영향은 많지 않다. 지혜가 완성될 수 없기 때문이다. 지혜는 원리를 깨달아야 발현되고, 우리가 살아가는 데는 지혜가 필요하다. 건강이 좋아지려면 마음이 편안해야 하고, 마음이 편안해지려면 마음 다스리는 법(치심법治心法)과 마음 쓰는 법(용심법用心法)을 알아야 한다.

마음 다스리는 법과 마음 쓰는 법은 원리를 깨달아야 자유자재하고 이것이 최상의 지혜다.

깨달음의 세계에서 전통적인 수행법으로 인도의 성자들이 하는 명상수행법과 우리나라의 간화선 수행법을 통해 명상의 원리를 알아보았다. 이제부터는 전통적인 수행법을 왜 바꾸어야 하는지에 대해 말해보자.

이제 인류는 윤회(진화)를 거듭하면서 다양한 경험과 양자이론(과학)을 통해 많은 발전이 있었으나 유달리 깨달음의 세계(영적인 세계, 종교)는 지금까지도 전통적인 수행 방편(명상)에 집착하고 있다. 전통적인 수행 방편의 문제점을 말하는 사람은 있으나 이 시대에 가장 알맞은 새로운 수행 방편을 제시하는 사람이 거의 없다는 것이 문제다. 이에 필자는 자신의 철저한 경험과 전통을 바탕으로 한 독창적인 방편을 제시한다.

불과 40~50년 전 고등학교에서 배우던 교과과정을 지금은 중학교에서 배우고 있는 현실이다. 깨달음의 세계(영적인 것)의 의미와 명상의 의미도 그런 변화의 과정을 겪는다. 지금의 변화된 환경과 발전된 과학과 세상을 반영하는 새로운 가르침과 방법을 필요로 한다. 세상은 이것과 저것의 주고받는 상관관계(상호의존성), 즉 연기관계緣起關係로 모든 것은 존재할 수 있기 때문에 수행의 방편도 전통적인 옛것에만 집착하는 것은 바르지 못한 일이다. 전통이라는 이름으로 과거에 하던 수행의 방편을 지금까지 하고 변화가 없다면 매우 부정적이고 위험스럽기까지 할 것이다.

과거의 깨달음의 세계에서 가르치는 수행의 방편은 세상과 하나 되지 못하고 분리되어 있어 그들만의 기준이 적용되었으며, 깨달음의 세계는 일반인들이 말하는 현실과 전혀 다른 영역이었다.

우리 모두는 세상과 분리된 존재가 아니므로 이제는 깨달음의 세계를 공부하는 사람과 모든 사람에게 보편적이고 타당하게 적용되는 것이라야 한다. 다시 말해서 변화된 세계를 반영하는 것이어야 연기와 무상의 진리에도 어긋나지 않는다.

과거의 깨달음의 세계에서는 가족과 사회를 떠나 단절된 환경(조용한 곳, 산)에서 진리를 추구했고 깨달음을 통해서 개별적으로 해탈(구원, 열반)의 세계에 들어갔다.

필자는 이렇게 말한다.

깨달음의 세계는 시대별로 국가별로 많은 변화를 가져 왔다. 가장 큰 변화는 소승불교가 대승불교로 바뀐 것이다. 그러나 유독 명상수행만은 지금까지 전통으로 이어져 내려오고 있는 실정이다. 이러한 이유는 뇌 과학이 가장 늦은 1976년부터 발달했기 때문이다. 뇌 과학의 발달은 삼매에 들었을 때 몸에서 생리적으로 일어나는 거의 모든 것을 밝혀냄으로써 멸진정滅盡定에 드는 것을 수 분 내로 가능하게 하는 기기를 만들게 되었다. 이제는 삼매에 드는 극단적인 명상수행에서는 벗어나야 한다. 앞으로는 과학과 더불어 명상의 본질을 잘 이해해야 하고 많은 경전이나 선각자의 가르침을 어떻게 이해할지를 결정하는 역할도 각자가 스스로 떠안아야 한다.

한 사람의 스승이나 경전, 전통적인 것에 맹목적(헌신적)으로 믿고 따르는 것은 이 시대에 맞지 않다. 특별히 조심해야 할 것은 "내가 공부하고 수행한 이것만이 최고다."라는 생각에 사로잡혀 자기 것으로 삼으면 법상法相이 생겨 다른 것을 만나면 끊임없이 다투게 된다. 이것이 종교와 종파 간에 분쟁의 근본원인이다. 그래서 중도中道는 중도에도 머무르지 않는 것이다.

다시 말해서 전통적인 수행 방편을 고정관념으로 삼는다면 단절을 가져올 것이고 그렇게 되면 깨달음의 세계는 오히려 영적 의식의 확장을 가로막는 크나큰 장애가 될 것이다.

필자가 말하는 깨달음의 공부와 수행의 방편을 요약하면 다음과 같다.

우리가 살아가는 세상은 거시세계인 현상계로서 3차원이다. 그러나 깨달음의 대상인 원리는 거시세계의 안과 밖에 존재하는 고차원의 미시세계다. 우리는 오감으로 거시세계는 인식할 수 있지만 미시세계는 인식할 수 없다. 따라서 3차원에 연기되어 진화(적응)했기 때문에 3차원에 익숙해져 고차원을 인식하는 능력은 퇴화되었다. 3차원은 4차원 이상 고차원의 세계는 알 수가 없다. 그러나 깨달음의 세계에서는 깨달음의 통찰력(직관력), 즉 마음의 눈으로 관觀하여 느낌으로 알 수 있다. 그래서 깨달음은 차원을 높이는 일이다.

불교를 비롯한 종교에서는 주로 고차원의 미시세계(형이상학)를 다루고 있으므로 통찰력이 없는 일반인들은 너무나 어렵기 때문에 이해하기조차 어려운 경우가 대부분이다. 양자물리학을 이해하기 어려운 것도 이 때문이다. 따라서 의심은 자동적으로 일어나게 되어 있으나 공부하는 방법을 몰라서 어렵기 때문에 미리 포기하거나, 아니면 자기가 알고 있는 지식을 기준으로 자기만의 답을 만들어 버린다. 이렇게 되면 자기만의 답을 찾았기 때문에 의심이 끊어지게 된다.

이 공부는 의심이 끊어지면 깨달음과는 멀어진다 해서 '의심 공부'라 한다. 의심이 끊어지지 않는다는 말은 깊은 명상에 드는 것과 같아서 원리를 깊게 참구(몰입, 집중)하는 그 일만으로도 명상을 따로 하지 않아도 된다는 말이다. 다시 말해서 명상 따로 원리 공부 따로 하지 않아도 자연스럽게 '정혜쌍수'가 저절로 됨으로써 수행 중에 일어나는 '마구니 장애'나 '혼침昏沈(명상이 깊어져 편안함에 머물러 의욕이 사라진 무기력한 상태)', '도거掉擧(정신이 바깥경계에 끌려다니므로 번뇌 망상에 시달려 마음이 들뜨고 혼란스럽고 흥분된 상태)'와 같은 부작용도 일어나지 않는다는 말이다. 정定(선禪)에 치우치면 혼침에 빠지기 쉽고 혜慧에 치우치면 도거에 빠지기 쉽다.

의심은 공부 중에 자연스럽게 일어나고 공부를 계속함으로써 자연스럽게 풀어져야 하기 때문에 의식적(주관적)으로 만들거나 의식적으로 답을 구해서는 안 된다. 이렇게 공부가 계속되면 의심이 저절로 만들어지면서 저절로 풀어지고, 또 다른 의심에 걸리고 또 풀어지는 과정에 언젠가는 그 무엇으로도 풀리지 않는 커다란 의심에 걸리게 된다. 이 의심은 아무리 공부해도 잘 풀리지 않는다. 그러니 얼마나 답답하겠는가? 이렇게 답답한 마음은 크면 클수록 빨리 깨닫게 된다. 이것이 화두일념(화두삼매, 의단疑團)이다. 온몸이 화두와 하나 됨이다. 이렇게 공부해서 깨달음을 얻으면 원리에 대한 불퇴전의 믿음이 일어나면서 최상의 지혜가 발현되고 그 지혜로 세상을 살아가는 대 자유인, 즉 이것이 해탈의 경지다. 해탈은 어떠한 경계에도 걸리지 않기 때문에 바람과 같은 경지다.

깨달음은 개개인의 근기根器(과거로부터 지금까지 자신이 닦은 수행의 업적)에 따라 빨리 오기도 하고 느리게 오기도 한다. 6조 혜능대사는 이름 석 자도 쓰지 못했으나『금강경』의 "응무소주應無所住 이생기심而生其心(응당 머무는 바 없이 그 마음을 내라)"이라는 한 마디의 말을 듣고 "그 자리에서 깨달음을 얻었다(언하대오言下大悟)."고 기록되어 있다.

원리를 깨달아 생기는 지혜는 진여의 '전지全知'와 같은 능력의 지혜(완성된 중도의 지혜)이므로 어떠한 고통으로부터도 자유로워지기 때문에 늘 마음이 고요하다. 이것은 일상을 다 하면서도 늘 명상을 하는 것과 같아서 힌두성자들이 말하는 진아(참자아)와 합일하는 경지에 든 것과 같다.

명상을 따로 하면 명상 속에서는 아무 일도 할 수 없다. 특히, 명상의 최고 경지인 멸진정에 들면 자율신경계인 교감신경과 부교감신경이 차단되어 외부로부터 들어오는 모든 정보가 끊어져 느린 호흡만 하고 있을 뿐 움직일 수도 없게 된다. 그래서 힌두성자들이 멸진정의 상태는 초능력의 소유자가 되는 '요기Yogi'는 될 수 있으나 진아와 합일된 경지(진인眞人)는 아니라는 것이다. 진아의 경지에 오르기 위해서는 자아가 심장으로 다시 내려가 거기서 완전히 죽어야 비로소 진아의 경지가 된다는 것이다. 진아의 경지가 되면 나는 죽고 무엇을 하던 내가 하는 것이 아니라 진아(진여)의 작용(진아의 자발적인 나툼)으로 하는 것이다.

자아를 완전하게 죽여야 된다는 것은 선불교에서 말하는 '백척간두진일보百尺竿頭進一步'와 같다. 이 말은 무릇 수행자는 목숨을 걸고 끊임없이 정진하라는 의미다. 다시 말해서 이미 해야할 일을 다해 마쳤다고 생각하는 순간 거기에서 또 한 번 더 죽어야 비로소 영원히 사는 길이 열린다는 말이다.

요기(초월자)는 명상을 하고 멸진정에 든다. 그러나 진아를 깨달은 진인(성자)이 되면 명상을 따로 하지 않는다. 왜냐하면, 진인은 명상을 할 수 있는 '나ego'가 전혀 없고 진인과 별개인 명상의 대상 또한 전혀 없기 때문이다. '나(내 생각)'를 죽였다는 말은 무엇을 행行하기는 행하나 행을 하는 주재자(주관)가 없기 때문에 모든 대상(객관)이 없어진다. 요기는 초능력을 하는 행위자가 있지만 진인에게서의 초능력은 진아(진여)가 하는 것이기 때문에 진인은 스스로 초능력을 했다고 생각하지 않는다. 진인은 단지 자신이 존재하는 그대로, 즉 진아로서 머물러 있을 뿐이다. 다시 말해서 진인들은 그들의 주위에서 일어나는 기적에 대해 내가 그 일을 했다고 주장하지 않는다. 진인은 오히려 초자연적인 능력을 추구하거나 과시하는 사람들을 어리석게 본다. 이러한 습득된 능력들은 에고의 산물이기 때문이다. '나'를 죽이면 진아만이 남게 되고, 이때는 초능력을 행사할 사람도 없고 그것을 보여줄 다른 사람도 없기 때문이다.

　결론적으로 힌두성자들이 하는 수행법과 간화선 수행은 결국 깊은 명상(멸진정)을 하지 않으면 안 된다. 우리가 명상을 하는 이유는 깨달음을 얻고 본래심(청정심)으로 살아가기 위해서다. 다시 말해서 진여의 성품인 '완성된 중도의 지혜', '양심', '6바라밀(보살도)'을 실천하는 데 그 목적이 있다. 그러나 깊은 명상(멸진정) 속에서는 어떠한 행위도 할 수 없기 때문에 일상삼매(생활삼매)가 되어야 한다.

　일상삼매란? 일상을 떠난 의식적(의도적)인 삼매가 아니라 일상을 하는 가운데 무의식적인 삼매를 말한다. 이것은 힌두성자들이 말하는 오른쪽 심장으로 다시 내려가 거기에서 내 마음(자아)을 완전히 죽여야 비로소 진아와 합일이 된다는 것과 같다. 이 경지가 되면 모든 행위는 진아가 하는 것이 된다.

필자가 말하는 원리를 깨달아 완성된 중도의 지혜를 갖춘다는 것은 진여(진아)의 성품을 회복하는 일이므로 내가 하였으나 한 바가 없는 것이 된다. 이것이 무심無心이다. 무심으로 한 것은 무엇을 하였던 삶의 찌꺼기(업業)가 남지 않기 때문에 윤회의 주체가 없어져 윤회의 고통으로부터 자유로워진다. 이것이 생사해탈이다.

무심은 번뇌 망상이 없는 무념無念, 어떤 것도 내 것으로 삼지 않아 고정관념이 없는 무상無相, 어디에도 집착하지 않아 머무름이 없는 무주無住다.

연기緣起의 진리로 볼 때 초기불교와 소승불교에서는 힌두문화의 영향으로 명상수행법을 깨달음의 수행 방편으로 삼을 수밖에 없었다. 그러나 부처님께서는 명상수행을 하기 위해 극도의 고행을 하였으나 윤회를 비롯한 모든 고통으로부터 벗어나지 못함을 아시고 "극단적인 수행은 깨달음에 별 도움이 되지 않으니 하지 마라."고 하셨다. 그러나 수천 년을 이어져 내려온 명상수행이기에 그것으로부터 지금까지 벗어나지 못하고 있는 실정이다. 이것은 대승불교의 가르침과 소승불교의 가르침을 분명하게 구분하지 못하고 혼용해서 말하고 있기 때문이다.

전통적인 명상수행법과 필자가 말하는 원리를 깨달아 완성된 중도의 지혜(중도를 정등각하는 일, 보살도의 삶)로 세상을 살아가는 것의 차이는 소승불교와 대승불교의 차이라 하겠다.

소승불교는 세간(중생계)을 영원히 떠나 열반에 드는 것을 수행의 목적으로 삼기 때문에 나만을 위한 이기적인 깨달음이고, 대승불교는 깨달음은 얻었으나 열반에는 들지 않고 중생을 제도하는 데 그 목적이 있다. 이것은 마치 맛있는 음식을 나만 먹느냐 이웃과 함께 나누어 먹느냐의 차이와 같다.

세간을 벗어나 열반에 들기 위해서는 멸진정에 계속 머물러 있어야 하는데 이렇게 되면 보살도(육바라밀)를 행할 수가 없다. 보살도는 너와 나를 이익되게 하는 것(자리이타自利利他)을 말하며, 이것이 최고의 지혜다. 다시 말해서 중도를 정등각正等覺(아뇩다라삼먁삼보리阿耨多羅三藐三菩提anuttarā-samyak-saṃbodhi)했을 때 발현發現되는 완성된 지혜를 말한다. 따라서 지혜가 없는, 즉 보살도를 행할 수 없는 명상을 포함한 그 어떠한 수행도 깨달음의 목적에 어긋나는 것이다.

세상(우주)은 중도로 되어 있으며, 중도中道는 진여의 성품이다. 따라서 진여(참나)가 원하는 선禪은 모든 것(세간世間)과 함께하는 육바라밀 선이다. 멸진정(열반)은 가아假我ego가 원하는 선이다.

유마거사는 말하기를 "탐진치貪瞋癡 삼독三毒이 살아있는 가운데 멸진정에 드는 것이 진정한 멸진정이다."라고 말했다. 이것은 시끄러운 가운데 조용한 것이 진정한 명상(생활삼매)이듯이, 명상 가운데 있을 때는 고요하나 명상을 벗어나면 다시 시끄러워져서는 진정한 명상이 아니라는 뜻이다.

대승불교에서는 "번뇌즉보리煩惱卽菩提"라 한다. 이 말은 깨닫지 못한 중생의 입장에서는 어리석음(무명無明)의 주체인 번뇌와 깨달음의 주체인 보리가 다른 것으로 보이지만 깨달은 입장에서는 번뇌와 보리를 하나로 보기 때문에 아무런 차별이 없다는 뜻이다.

모든 법의 실상은 공空(무자성無自性)하기 때문에 번뇌와 보리도 다 같이 공이므로 번뇌가 곧 보리인 것이다.

이 말은 '극락과 지옥이 다르지 않으며, 부처와 중생 또한 다르지 않고, 물이 곧 얼음이고 얼음이 곧 물이다.'라는 말과도 그 의미가 같다.

부처는 깨달은 중생이요, 중생은 깨닫지 못한 부처다. 지옥에 있어도 마음이 고요하고 편안하면 극락이요, 극락에 있어도 마음이 고통스러우면 그곳이 곧 지옥이다.

의상대사『법성게法性偈』에서는 "생사열반상공화生死涅槃常共和"라 하였다. 즉, 생사의 세계(세간, 이원성二元性)와 열반의 세계(출세간, 일원성一元性)는 한 덩어리라는 뜻이다.

힌두성자들은 명상수행으로 자아를 완전하게 소멸시켜 진여와 계합할 수 있다고 한다. 이것을 소승불교에서는 열반에 든다고 한다. 그러나 자아는 육신이 살아있는 이상은 소멸되지 않는다. 부처님께서 말씀하시기를 "깨달았다고 생각하는 순간 깨달음과는 천리만리 멀어진다. 정진하고 또 정진하라! 한순간 부처가 중생의 나락으로 떨어질 수 있다."고 하셨다.

자아는 소멸시키는 것이 아니다. 다만 인연따라 만들어졌을 뿐 본래 자아는 없었다는 진실을 깨달으면 되는 일이다. 진여는 인연 따라 작용을 달리하기 때문에 고정불변의 자성이 없다. 이것이 무상無常의 진리다. 자아가 있는 가운데 이 도리를 알고 진여의 성품인 원리대로 세상을 살아가는 것이 수행이다.

중도中道(무심無心)가 답이다. 반드시 죽는 가운데 죽지 않는 도리를 깨달아 생사를 초월하는 것과 같은 이치다.

자아(ego)는 수행을 통해 진여(데이비드 봄이 말하는 활성 정보)의 성품을 회복할 수도 있고 명상을 통해 진여와 계합할 수는 있을지 모르나 어떠한 경우에도 진여 그 자체는 될 수 없다. 고정불변의 자아(아트만ātman)는 없고, 다만 인연 따라 가립假立된 한시적인 존재만 있기 때문에 어떠한 경우에도 자아는 진여 그 자체는 될 수 없다는 부처님의 연기론적緣起論的인 이 가르침이 깨달음의 세계로 들어가는 길을 결정하는 데 있어 가장 중요한 핵심 중의 핵심Point이다.

혜산의 수행법은 다음과 같은 이점이 있다.

1) 진리는 하나로 통하기 때문에 진여의 성품인 원리를 깨달으면 많은 공부를 하지 않아도 모든 것과 하나로 통하게 된다. 원리는 만상의 핵심(공통점, 본질, 근원)이기 때문이다.

2) 원리는 모든 것과 하나로 통하기 때문에 개개인의 삶에 있어 적용되지 않는 곳이 없다. 무엇을 하든 무심으로 하는 것이

그 답이기 때문이다.

3) 원리를 깊게 참구하는 것으로 명상을 대신함으로써 마구니장애로부터 벗어날 수 있고, 많은 시간을 절약할 수 있다.

4) 일상생활의 모든 것을 수행의 대상(문, 스승)으로 삼기 때문에 공부와 수행을 따로 할 필요가 없다.

지금까지의 내용을 달리 정리한다면…

뇌 과학의 발달로 명상의 최고 경지인 멸진정滅盡定에 이르는 것은 기계(기기)의 힘으로 가능해졌다. 더욱 놀라운 일은 한 번 멸진정을 경험한 사람은 기계의 힘을 빌리지 않고도 쉽게 멸진정에 든다는 것이다.

물론 수행을 통해 멸진정에 드는 것과 기계의 힘으로 멸진정에 드는 것은 그 과정에서 많은 차이가 있을 것이다. 그러나 뇌에서 일어나는 하나의 생리적인 현상에 있어서는 같다는 것이다. 필자는 여기서 중요한 것을 발견하였다. 원리를 공부해서 깨달음을 얻고 지혜가 생기는 것과 명상을 통해 멸진정(참 자아)의 경험을 하는 것과는 가장 중요한 지혜를 얻는 것에는 많은 차이가 생긴다는 것이다.

원리를 깨달아 생기는 지혜는 원리를 응용(활용)하는 지혜다. 그러나 원리를 모르는 상태에서 명상만으로 과연 어떤 지혜를 얻을 수 있겠는가? 많은 의문이 생긴다.

명상은 원리를 깨달아 지혜를 완성시키는 일이 아니라 내 생각(자아)을 죽임으로써 본래의 자리를 회복한다(참 자아와 하나 되는 것)는 말인데 그 일이 과연 진여의 성품인 중도를 정등각(체득, 증득)하는 것과 같을 수 있을까? 지혜가 발현되지 않는 수행은 어떤 것을 막론하고 큰 이익이 없다.

필자는 원리를 공부할 때 그냥 하는 것이 아니라 깊게 참구(사색)하면서 일어나는 의심을 화두로 삼고 계속되는 공부로 화두가 하나씩 풀리다가 어느 날 별안간 한꺼번에 모든 의심이 하나로 회통되는 이루 말할 수 없는 희열을 체험했다. 이것은 마치 가득 찬 강물이 둑이 터지면서 한꺼번에 확 터져 나오는 것과 같다. 공부에 집중하는 정도의 명상만 필요한 것일 뿐 멸진정이나 힌두진인들이 말하는 참 자아와 하나 되기 위해 자아를 완전하게 소멸하는 경지까지 들어가는 지나친 명상은 오히려 공부가 어긋날 수 있다는 말이다(마구니 장애, 신비주의).

명상으로 제6의식과 제7말나식(자아의식)을 작용하지 못하게 함으로써 제8아뢰야식에 잠재해 있는 초능력을 작용하게 하여 초능력자가 되려 하는 일은 너무나 무모한 일이다. 초능력은 과학의 몫일 뿐 깨달음의 몫은 아니다. 지금 우리는 과학의 발달로 얼마나 많은 초능력을 생활에 사용하고 있는지 모른다. 비행기, 배, 스마트폰, 텔레비전, 첨단 기기 등 생활에 필요한 거의 모든 것이 초능력이다. 이러한 것들을 사용하지 않고 굳이 사람의 힘으로 해야만 그것이 초능력은 아니다. 눈 감고 글을 읽는 것이 초능력이 아니다. 눈을 뜨고 읽는 것이 초능력이다. 피곤하면 잠잘 줄 알고, 배고프면 밥 먹을 줄 아는 것이 다 진여의 작용이고 그것이 초능력이다.

앞으로 과학은 진여의 알아차림(전지全知)과 작용(전능全能)으로 인해 인간이 머리로 상상할 수 있는 것이라면 모든 것이 과학으로 가능하게 될 것이다. 오늘날 축지법이나 공중부양이 무엇 때문에 필요한가? 아무것도 먹지 않고 60년 이상을 건강하게 살고 있다던가, 40년 넘게 잠을 자지 않고 살고 있는 사람들, 소위 명상 수행으로 초능력을 지니고 있다는 사람들이 인류를 위해 어떤 지혜를 쓰고 있는지 의심스럽다. 그러나 많은 사람들은 이러한 능력을 지닌 사람들을 초능력자라 해서 그것에 오히려 더 많은 관심을 기울이고 있는 현실은 너무나 안타깝다.

명상을 통해 번뇌 망상을 가라앉혔다고 해서 마음을 다스리고 쓰는 법을 터득하는 것은 아니다. 마음을 다스리기 위해서는 원리를 깨닫는 공부를 해야 하고, 수행을 통해 마음을 지혜롭게 쓰는 법을 터득해야 한다.

명상에 대한 결론은, 명상을 통해서 나를 죽이려 하면 자칫 부작용이 너무나 심하다. 그리고 지혜가 완성될 수 없다. 오직 진여의 성품인 원리를 체득함으로써 자아가 자연스럽게 스스로 사라지는 경지(무아)에 들어야 비로소 지혜가 완성되는 해탈이다.

명상이 깊어지면 깊어질수록 생리적으로 신경계에 큰 교란이 일어나 많은 부작용(마구니 장애, 정신적인 부작용)에 시달리게 된다. 이때 깨달음을 완성한 스승(경험자)이 곁에서 늘 보살펴 주어야 장애로부터 벗어날 수 있다. 그렇지 않으면 심지어 육신肉身을 벗어버리는 잘못(죽음)을 저지르기도 한다.

원리를 깨달아 중도를 체득하면 '나'라고 하는 모든 업식(에고의 성품)은 다 사라지고 진여(진아)의 성품을 회복함으로써 지혜가 완성되고(전지) 그 지혜로 행行(전능)하기 때문에 힌두성자(진인)들이 말하는 '나'가 심장(오른쪽 가슴에 있는 에테르체 심장)으로 들어가 완전히 죽어 진아와 합일된다는 것과 같으며, 특히 명상만으로 얻는 지혜보다 훨씬 더 진보된 지혜를 얻게 된다.

극단적으로 말해, 원리를 전혀 모르는 사람이 명상수행으로만 진아(참 자아, 진여)와 하나 되었다고 해서 과연 그 지혜가 완성의 단계에 이르렀다고 말할 수 있겠는가?

이 공부는 일어나는 마음을 죽이는 것이 아니라 일어나는 마음을 어떻게 다스릴 것인가 하는 치심법治心法에 있다. '일체유심조'이기 때문이다. 다시 말하지만, 마음이 일어나지 않으면 그것은 죽은 사람이다.

힌두성자들이 말하는 '나(마음. 사업私業)'는 죽고 오직 진아의 능력으로 살아갈 뿐이라는 것과 원리를 체득해서 그 전지전능한 진여의 힘(완성된 중도의 지혜, 법력)으로 살아간다는 것은 의미적으로는 같은 것 같으나 실질적으로는 매우 다르다.

명상을 할 때 나타나는 특이하고 신비스러운 현상에 빠지지 마라. 명상이 완성되고 나면 오히려 너무나 일상적으로 되돌아

온다. 배고프면 밥 먹을 줄 알고 추우면 따뜻한 곳을 찾는 그
것이 그대로 진여의 작용이다.

진여의 성품은 중도다. 중도의 지혜가 완성되면 보살도(육바라
밀)를 행하게 되고, 보살행은 무심無心을 의미하고 무심으로 한 일
은 행行하기는 행하였으나 행한 바가 없는 행(공덕)이므로 삶의 찌
꺼기(업業)를 남기지 않기 때문에 윤회의 고통으로부터 자유로워
진다.

깨달음의 세계의 핵심은 '나'를 완전하게 죽이는 데 있다.

'나'를 죽이면 주관적인 것이 몽땅 사라지기 때문에 객관(대
상, 경계)은 처음부터 생기지 않는다. '나'를 죽인다는 말은 나
의 자아로부터 만들어진 '내 생각(마음)'을 죽이는 일이다. 내
자아의 주관적 작용이 없으면 내 생각도 있을 수 없기 때문이
다. 원리를 깨닫는 것이나 명상을 하는 것도 궁극적으로는 '나
의 자아(업식)로부터 자유로워지기 위해서'이다. 나(내 생각)를
죽인 것이 '중도'다.

'나'를 죽이기 위해서는 원리를 깨달아 무아無我의 진리를 체
득해야 한다. 무아란? 내가 없다는 뜻이 아니라 내가 있는 가
운데 없는 원리를 아는 것이다. 모든 것이 나이기 때문에 내가

반드시 있는 가운데 저절로 사라지는 것이다. 그러기 위해서는 무상無常, 연기緣起, 무자성無自性, 즉 공空의 원리를 깨달아 모든 것이 하나로 융합함으로 나와 너의 분별이 없어져야 한다.

결론

결론적으로 이 책은 깨달음의 세계로 들어가기 위해 전통적으로 내려오는 별도의 선정禪定(명상)수행을 하지 않아도 원리에 대한 깊은 이해와 모든 것을 하나로 꿰뚫어 아는 회통(더 이상 배울 것이 없는 무학無學의 경지)을 체험함으로써 발현되는 '완성된 중도의 지혜'로 해탈의 길에 오를 수 있다는 진실을 밝히려는 데 있다. 이러한 확신을 하게 된 이유는 부처님께서 말씀하신 "깊은 선정(명상, 멸진정에 들어 공을 체험하는 일, 참나 체험)에 들기 위해 지나치게 고행을 하는 것은 오히려 깨달음으로 가는 길을 막아버리는 결과를 낳기 쉬우니 하지 마라."고 하신 것과 필자가 여러 사람을 지도하면서 현실적으로 많은 성공적 사례를 체험하였기 때문이다.

오늘날 세계적으로나 한국의 수행 현실을 보더라도 명상을 중심으로 하는 수행을 거치지 않으면 마치 깨달음의 세계에 들어갈 수 없는 것으로 관념이 고정되어 있기 때문에 명상으로 일어나는 초월적인 신비주의에 빠져 오히려 진정한 깨달음의 길을 벗어나고 있으며, 대부분의 사람들도 여기에 더 많은 관심을 가지고 함께 빠져있는 일은 매우 안타까운 일이라 하지 않을 수 없다.

선불교에서는 선법禪法(간화선)으로서 마음을 직관直觀하고 정신을 통일하면 마음의 본바탕을 발견하고 부처를 이루는 견성성불見性成佛을 종지로 삼았다. 여기서 견성이란? 말 그대로 본래의 마음자리(본성本性, 본래의 성품)를 보는 것을 이르는 말이다. 본래의 마음자리(본성)는 진여를 말하기 때문에 결국 필자가 말하는 진여의 성품인 '원리'를 확실하게 아는 것이 견성이다.

견성의 실제 의미가 무엇인지에 대하여 '달마대사'는 『오성론悟性論』에서 마음이 텅 빈 것(심시공心是空)을 아는 것을 이름하여 부처를 본 것(견불見佛)이라고 말했다. 다시 말해서 마음이 텅 빈 상태란? 무심無心, 즉 번뇌 망상이 없는 무념無念, 어떠한 것도 내 것으로 삼아 고정관념이 없는 무상無相, 어디에도 집착하지 않아 걸림이 없는 무주無住를 의미한다. 무심이 중도요 중도가 진여의 성품을 한 마디로 나타낸 말이다. 그러나 명상으로 일어나는 멸진정(삼매, 선정)의 상태, 즉 마음이 텅 빈 상태(적멸寂滅)를 잘못 해석해서 가장 역동적인 진여의 공空(진공묘유眞空妙有)으로 알면 수행이 어긋나는 결과를 초래하게 된다.

특히, 진여를 '참 나(진아眞我)'와 동일시하여 명상을 통해 아무런 생각이 일어나지 않은 그 상태를 '참 나 체험'이라는 이름으로 수행을 삼는 것은 깨달음의 본질을 벗어나는 일이다.

'참 나'란? 나의 본성이 무엇인지를 확실하게 아는 것이며, '참 나'는 진여로부터 나왔기 때문에 만상의 본질이다. 따라서 '참 나'의 입장에서 보면 만상은 하나이기 때문에 나(주관)와 너(객관, 대상, 경계)는 분별도 없고 차별도 없는 있는 그대로 하나다. 이것은 마치 금(체體)으로 무엇을 만들었든 그 모양(상相)과 쓰임새(용用)는 다르나 금이라는 본질에 있어서는 조금도 다르지 않은 것과 같다. 이러한 이유로 무아無我란 내가 없다는 의미로 해석함으로써 현실(현상계)을 부정하는 것이 아니라 모든 것은 있는 그대로 그 성품이 공하다고 하는 연기적인 존재의 현상(실상)을 이야기하는 것이다. 이것은 만상은 고정불변의 자성이 없다(무자성)는 말로서 내가 있기는 있으나 나 아닌 다른 많은 요소가 한시적으로 가합假合(가립假立)되어 있다는 의미이므로 비아非我라는 뜻이다.

원리는 알고 나면 너무나 간결하고 자명해서 명상에만 빠지지 않으면 많은 시간을 필요로 하지 않는다. 다만 지혜를 생활화하는 일은 향상일로向上一路(끊임없는 정진)하여야 한다. 이것이 깨달음을 대승적大乘的으로 승화하는 일이다.

필자는 어느 특정 종교만을 말하지 않고 중도적인 표현으로 '깨달음의 세계'라 하는 이유는, 모든 종교는 그 이름만 다를 뿐 본질적으로는 하나로 통하기 때문에 우주의 실상과 경영원리를 깨닫고 실천함으로써 세상을 밝고 행복하게 만들어 나가야 한다는 일에는 그 어느 종교도 예외가 될 수는 없기 때문이다.

오늘날 깨달음의 세계(종교)가 지양해야 할 일은 명상을 위주로 하는 선정이나 삼매에 들어 마음을 고요하게 함으로써 몸을 치료하거나(힐링healing효과) 한시적으로 마음을 편안하게 하는 시설을 마련해 놓고 지나치게 상업화하는 일이다. 특히, 세계적으로 깨달음을 얻기 위해 명상수행을 위주로 하기 때문에 깊은 산중에 은둔하여 오직 참선공부에만 인생의 전부를 소모할 것이 아니라 진여의 성품인 원리를 깨달아 발현되는 완성된 중도의 지혜로 자리이타自利利他(나와 남을 이롭게 하는 일, 주관과 객관이 하나 되는 일)와 동체자비同體慈悲(다 사랑하라!)의 정신으로 봉사하고 6바라밀을 실천하는 보살이 되어 이 세상을 아름답게 가꾸는 것이 오늘날 우리가 해야 할 사명이라고 생각한다.

이러한 삶을 살아가기 위해서는 반드시 원리를 깨달아 '너와 나는 서로 분리되어 있으면서 본질적으로는 둘이 아니고(불이不二) 다르지 않아서(불이不異) 하나로 융합(동체同體)되어 있는 존재라는 진실(진리)을 알아야 비로소 의식전환이 이루어진다. 원리를 깨닫는 과정은 공부라 하고 보살행을 하는 것을 수행이라 한다. 공부를 한다고 해서 무엇을 얻는 것은 아니다. 공부가 무르익어 가면서 본래 너와 나는 서로 주고받는 연기관계(상호의존의 관계)이기 때문에 그 존재가 가능하다는 사실을 더욱더 확실하게 아는 것일 뿐이다. 그래서 깨달음이란? 무엇을 얻는 것이 아니라 본래 자리(진여, 참 자아, 불성佛性)를 회복하는 것(되돌아가는 것)이라 한다.

공부로서 깨닫는 일은 수행으로 실천하는 일보다 많은 시간을 필요로 하지 않지만, 습관(업業)은 관성처럼 그 여운이 길게 남아 있기 때문에 깨달음의 지혜로도 단박에 바뀌지는 않는다. 실천으로 직접 부딪혀야 하는 것이다. 왜냐하면, 한번 그 원리를 깨쳤다고 해서 그 즉시 오랜 습관이 저절로 길들여지는 것은 아니기 때문이다. 업력業力을 다스릴 수 있는 것은 오직 깨달음으로 발현되는 지혜인 법력法力 뿐이다. 그러나 법력은 수행을 통해 무한대로 증장되는 것이기 때문에 자칫 한순간의 실수로 무너질 수도 있다.

　보살행은 무심을 끊임없이 실천하는 일이다. 따라서 수행은, 깨닫고 나서 남아있는 습관을 보살도(6바라밀)를 통해서 실천하는 과정이다. 보살행으로 이 세상을 아름답게 만들어 나가는 이 일이 진정으로 자비를 실천하는 길이다. 이 길은 수행자가 평생을 가야 할 길이고 수행자의 본분사本分事다.

　따라서 수행은 산속이나 조용한 곳에서 선정과 삼매에 드는 일이 아니라 지금 여기에서 일어나는 모든 일을 수행의 문으로 삼고 지혜롭게 보살도(6바라밀)를 끊임없이 행하는 일이라 할 것이다.

　지금까지 필자는 깨달음의 대상은 무엇이며, 어떻게 공부하고 실천해야 하는지에 대해 말했으며, 깨달음이 일어날 때 생기는 현상에 대해 자세하게 설명하였다. 경전과 많은 책에서 이 부분에 대해서 자세히 설명은 되어 있으나 주로 명상수행을 위주로 설명했기 때문에 지금까지도 명상에서 벗어나지 못했다. 이제는 양자물리학이라는 과학이 발달됨으로써 명상의 최고 경지에 드는 일을 기기(기계)의 힘을 빌려 불과 수분 내로 멸진정(삼매)에 이르게 되었다. 그러나 전통이라는 이름으로 명상수행(선정)에서 벗어나지 못하고 평생을 이 일에 바치는 안타까운 수행자가 많은 실정이다. 그래서 선정이 무엇이고 신비주의가 무엇인지에 대해서도 설명을 하였다. 선정(삼매, 멸진정, 명상)으로는 결코 번뇌(고통)의 뿌리를 잘라낼 수 없다. 이것은 단지 그것을 한시적으로 덮어둘 수는 있으나 언젠가는 다시 들고 일어나기 때문에 모든 고통으로부터 자유로워지는 해탈(대자유인)의 문제는 해결할 수 없다. 이것은 부처님의 말씀이기도 하다.

지금까지는 선정에 들어 견성하는 것을 전통으로 하여 이어져 내려왔기 때문에 큰 깨달음을 얻는 데는 많은 시간을 필요로 할 수밖에 없었으며, 신비주의나 마구니 장애에 빠져 깨달음과 멀어지는 경우가 너무나 많았다.

깨달음의 대상을 무엇으로 할 것인지? 어떠한 방법으로 공부를 해야 하는지에 대한 지금의 시대에 가장 적합하면서 명확한 지도가 없었다. 필자가 독창적으로 계발한 깨달음으로 가는 지도로 공부하면 견성(회통, 확철대오)을 하는 데는 그리 많은 시간을 필요로 하지 않는다. 이렇게 본다면 깨달음으로 가는 길을 가로막고 있는 것은 아이러니하게도 선정(명상, 삼매, 멸진정)이다. 선정에 들어 참 나와 접속하고 견성을 하기 위해 일상을 떠나 조용한 깊은 곳에서 세월을 보내고 있는 이것이 허망하고 비건설적인 세월이다.

깨달음을 이루기 위해서는 원리에 대한 순수한 의심을 통해 깊은 이해가 우선되어야 하고 하나하나의 원리가 어느 날 홀연히 하나로 꿰뚫어지는 회통의 희열을 체험(체득)하여야 한다. 이러한 체험을 통해 믿음이 깊어지고 믿음이 깊어지는 것에 정비례해서 실천하는 힘이 증장된다. 이것을 법력法力이라 하고 업력業力을 이길 수 있는 힘은 오직 법력으로서만 가능하다. 법력이 약할 때는 의식적(의도적)으로 업력을 제압할 수 있기 때문에 강한 업력(매우 심각한 고통의 문제)을 만나면 이겨나가기가 어려움에 봉착하기도 한다. 그러나 불퇴전의 깊은 믿음이 생기면 법력이 매우 강하게 되고 완성의 단계에 이르게 되면 모든 고통으로부터 자유로워지는데 이것이 해탈의 경지고 지혜가 완성된 것이다.

많은 사람들은 진여에 대해서나 견성의 상태에 대해 말할 수 없기 때문에 체득하는 것을 원칙으로 하고 있다. 틀린 말은 아니다만, 체험했다는 것은 어떻게 하든 말로 나타낼 수는 있을 것이다. 많은 조사스님들께서도 직접 말로는 풀어주지는 않았으나 여러 가지 방법으로 나타내 주셨다. 다만 미혹해서 알아채지 못했을 뿐이다. 이에 필자는 진여의 성품인 원리와 진여는 하나임을 알고 원리를 깨달음의 대상으로 삼았던 것이다.

견성見性이란? 본래의 성품을 본다는 뜻으로 만상의 본래의 성품은 진여의 성품, 즉 원리를 의미한다.

진여 그 자체는 어떠한 방법으로도 체험될 수 없다는 사실을 통찰하여야 한다. 이 사실을 모르면 명상을 통해 체험하려고 일생을 낭비하게 된다.

우리가 안이비설신의 6감으로 대상을 만나 인식하는 것은 이미 뇌 속에 저장된 정보를 통해 일어나는 현상이다. 그러므로 이미지를 보는 것일 뿐 실제를 보는 것은 아니다.

예를 들어, 어제 사과를 보았다면 그 정보는 뇌에 입력된다. 그리고 며칠이 지난 다음 또 다른 사과를 볼 때 색깔 모양 등 다양한 것들이 지난번 보았던 사과와 어떻게 다른지 같은지를 알 수 있는데 이것은 뇌에서 하는 일이 아니라는 말이다. 뇌는 단지 입력만 할 뿐이기 때문이다. 이 모든 것을 알아차리게 하는(인식하게 하는) '그 무엇'이 바로 진여라는 사실을 확실하게 깨닫는 것이 견성이다.

따라서 모든 것을 주관하는 주재자는 진여의 전지전능한 능력으로 가능하기 때문에 일어나는 하나하나의 현상을 주관하는 별도의 개체(자아, 마음)는 있을 수 없다. 다시 말해서 알아차리는 자, 즉 주시하는 독립된 주시자(자아)가 없다는 것이다. 보통 사람은 사물을 보고 들을 때 바라보는 자가 있고 듣는 자가 있다. 그런데 그 듣는 내가 따로 없고 보는 내가 따로 없다는 말이다. 그래서 부처님은 일체가 모두 마음이 만든 허상일 뿐이라고 하셨던 것이다.

'일체유심조一切唯心造'라는 말도 우리는 있는 그대로의 진실을 보지 못하고 주관적(허상)으로 만들어 보기 때문에 마음을 다스리는 법(치심법治心法)으로 활용할 수 있는 것이다. 인간의 뇌는 있는 그대로의 실상과 생각(마음)으로 만들어낸 허상을 구별하는 능력이 없기 때문에 웃음치료가 가능하고 자기최면이 가능한 것이다. 이것이 '마인드 컨트롤Mind Control'이다. 오늘날 각종 스포츠나 최면의학 심리치료 등에서 많이 활용하고 있다.

진여의 입장에서 모든 것을 바라보는 것이 있는 그대로를 보는 것이다. 이 말은 도대체 무슨 의미를 지니고 있는 것일까? 진여의 입장이라는 말은 모든 것의 입장이라는 말이다. 무엇을 보든 어느 특정한 것의 입장에서 보는 것은 주관적인 것으로서 있는 그대로를 보는 것이 아니라 만들어서 보는 것이다.

어떤 대상(경계)을 보고 느끼는 것은 사람마다 다 다를 뿐만 아니라 다른 생명체가 볼 때는 인간이 보는 그것과는 너무나 다를 것이다. 예를 들어, 똥은 인간의 입장에서 보면 매우 더럽고 나쁜 냄새가 나는 것이다. 그러나 똥을 집과 먹이로 삼고 살아가는 생명체의 입장에서 본다면 얼마나 좋은 것인가. 그들은 똥이 없으면 존재 자체가 불가능할 것이기 때문이다. 그렇다면 있는 그대로를 보려면 인간의 입장에서 어떻게 보면 될까?

그것이 바로 '무심無心'으로 보는 것이다.

진여의 성품이 바로 '무심'이기 때문이다. 그래서 무심이 끊어지지 않으면 중도(완성된 중도의 지혜)요 해탈이다. 모든 것은 다만 그것은 그것일 뿐 어떠한 개념도 붙을 수 없는 이유다.

'무심無心'은 '무념無念', '무상無相', '무주無住'다.

이것은 원리를 깨달아 발현되는 '완성된 중도의 지혜(법력)'로 업력을 끊어낼 때 가능해질 뿐, 결코 명상(선정)수행을 통해 우리들의 뇌에서 생리적으로 일어나는 명징하고 고요한 그 힘만으로는 어느 정도 가까이 갈 수는 있을지 모르나 중도를 정등각하는 해탈의 경지에는 오르기가 어렵다. 깨닫는다는 말의 진정한 의미는 원리를 확실하게 체득(회통)하고 원리에 대한 불퇴전의 믿음이 생기는 것을 이르는 말이다.

있는 그대로의 모습(진리, 진여)은 그 어느 누구도 알 수 있는 것이 아니다. 안다고 하면 그것은 이미 틀려버렸다. 따라서 오직 진여의 시각(무심)만으로 모든 것들의 시각을 모두 배제하고 해체한 그 자리가 바로 있는 그대로의 모습(진리, 진여)일 것이다. 이것을 무어라 표현할 길이 없어 그냥 텅 비어 있다(공空)고 말한다.

(1)산은 산이요 물은 물이로다.
(2)산은 산이 아니요 물은 물이 아니로다.
(3)산은 (역시)산이요 물은 (역시) 물이로다.

이 글은 깨달음의 경지를 3단계로 나누어 그 의미를 나타낸 글이다.

첫 번째는 깨닫지 못해 산과 물을 구별하는 어리석은 중생이 세상(현상계, 세간, 3차원)을 바라보는 것을 의미하기 때문에 선-악, 행-불행, 길다-짧다, 옳다-그르다, 좋다-나쁘다 등과 같이 모든 것은 상반되는 것으로 나누어지는 이원성二元性의 세계다. 이원성의 세계에서는 모든 것을 주관적(이기적)으로 판단하기 때문에 늘 분쟁이 끊어지지 않는다.

산과 물을 다르게 봄으로써 산을 좋아하는 사람과 물을 좋아하는 사람으로 나뉘게 된다. 세간(중생계)에서는 사람마다 배우고 익혀 학습한 것(업)이 다 다르기 때문에, 생각이 달라서 이것이 모든 분쟁의 원인이 된다.

두 번째는 원리를 깨달은 경지(견성)로서 모든 것은 서로 분리되어 따로 존재하고 있으나 근원적으로는 진여로부터 창조되었기 때문에, 본질에 있어서는 같을 뿐만 아니라 모든 것은 무상하고 서로 연기되어 그 존재가 가능하다는 진실을 확실하게 알았으므로 산과 물은 모양(상相)과 쓰임새(용用)는 다르나 그 본질(체體)에 있어서는 둘이 아니다(불이不二), 다르지 않다(不異)는 일원성一元性의 출세간(고차원)이다.

여기서 머무르면 소승小乘이라 한다.

소승은 자아(업)를 완전하게 소멸하고 생사윤회의 고리를 끊고 부처가 되어 영원한 안식처인 열반에 들기 때문에 중생을

제도할 일도 없고 지혜를 쓸 필요조차도 없어진다. 그래서 대
승에서는 소승을 불교 안에서의 외도外道라고 폄하하는 말로
소승이라 한다.

세 번째는 해탈의 경지로서 대승大乘이다.

만상을 있는 그대로 보고 느끼는 경지이므로 무심의 경지다.

소승은 출세간에 머물러 세간을 완전하게 떠나는 것(열반)이나
대승은 출세간과 세간을 오가면서 중생을 제도하고 보살행菩薩行
(6바라밀)을 하기 때문에 열반에 들지 않는다. 그래서 지장보살은
지옥 고苦를 치르고 있는 중생을 제도하기 위해 지옥을 수행의 도
량으로 삼았던 것이다. 대승에서는 부처를 대신하여 보살을 등장
시키고 선불교에서는 부처나 보살을 대신하여 조사祖師를 등장시
켰다.

이와 같이 원리를 통해 깨달음을 얻고 지혜를 완성시키는 목
적은 홀로 열반에 들어 영원한 평온에 머무르기 위한 이기적인
수행이 아니라 세상과 함께하면서 세상을 평화롭게 하기 위한
보살행에 있다. 보살행은 '완성된 중도의 지혜'로서만 가능하다.
지혜가 완성되면 중도를 체득해야 하고 중도는 중도에도 머무르
지 않기 때문에 이것이 해탈이다. 따라서 해탈은 모든 것으로부

터 자유로워지는 것이기 때문에 어디에도 걸림이 없다. 다시 말해서 해탈에는 선도 없고 악도 없다. 선악을 다 포용하고 있다. 다만 때(인연, 조건, 여건, 상황)에 따라 너와 나를 모두 이익되게 하는 것이라면 무슨 일도 자유롭게 할 줄 알아야 한다. 그래서 지혜에는 정해진 답이 없다. 이것은 인연 따라 정해진 법은 있으나 고정불변의 정해진 답은 없다는 무유정법無有定法의 진리와 무자성無自性의 진리에도 부합하는 일이다.

명상으로 공空을 보았으면(체험, 체득) 공에 머무르거나 공을 반복해서 보고 또 볼 필요는 없다. 명상으로 자아를 소멸하고 진아의 경지에 이르렀다면 이제는 명상(공, 무無)으로부터 벗어나 일상으로 되돌아와 진아의 삶을 살아가야 한다. 진아의 삶을 살아간다는 의미는 진아의 성품(무심, 지혜, 중도)대로 세상(세간, 유有)을 살아가는 것을 의미한다. 다시 말해서 열반에 들지 않고 지혜(보살행)로서 중생과 함께하는 것을 말한다.

진아의 경지에 들면 명상을 해야 하는 내(자아ego)가 없어지기 때문에 명상을 할 수도 없다. 진아는 늘 무심(중도, 해탈, 진공眞空)이다.

깨달음의 세계에서 말하는, '깨달음을 체득해야 한다, 공을 본다, 견성을 해야 한다.' 등과 같은 말들은 같은 의미로서 이 것은 마치 캄캄한 방에 아무것도 보이지 않다가 갑자기 전깃불 을 켜면 별안간 밝아져 모든 것이 일시에 보이는 것과 같다. 여 기서 중요한 사실은 캄캄하여 아무것도 내가 보지 못했을 뿐 그 방에 전깃불을 킴으로써 동시에 생겨난 것은 아니라는 말 이다. 방 안에 있는 것들은 본래부터 있었던 것이다. 다만, 내 눈이 어두워 보지 못했을 뿐이다. 이것은 마치 내 호주머니에 많은 돈을 지니고 있으나 그 사실을 모르면 가난하게 살아갈 것이나 아는 순간 돈으로부터 자유로워지는 것과 같다. 『법화 경』의 '장자와 궁자의 비유'도 이와 같다.

진여를 깨닫는 견성도 본래 있었던 진실을 보는 것이다. 이와 같이 견성의 구체적인 의미는 캄캄했던 무명無明에서 벗어나는 일이다. 무명이 바로 어리석은 '내 생각(고정관념, 아상我相, 업)' 이다. 무명이 12연기설의 시작(원인)이므로 무명만 없어지면 나 머지 연기관계는 저절로 사라진다.

그렇다면 한 번 견성한 것으로 공부와 수행이 끝난 것일까? 아니다. 견성은 하나의 계기(동기)로 작용하였을 뿐 진정한 공 부와 수행은 견성을 하고 난 다음부터가 시작점이기 때문에 견 성의 의미를 어디에 두느냐의 문제는 매우 중요하다.

우리들의 몸을 이루고 있는 수많은 세포 하나하나에는 과거 전생으로부터 지금까지 배우고 익혀 학습한 것이 이어져 내려옴으로써 모든 정보가 다 저장되어 있다. 지금의 과학이 체세포 하나로 똑같은 개체를 만들어 낼 수 있는 것도 이러한 이유에서다. 만약에 한 번의 견성(확철대오)으로써 모든 공부와 수행이 끝난다면 모든 세포에 저장된 정보가 일시에 소멸되고 진여의 본래 성품으로 되돌아가야 하기 때문이다. 이것은 내 육신이 살아있는 이상에는 불가능한 일이다.

견성이 중요한 의미를 지니는 것은 견성을 함으로써 확실한 믿음이 생기기 때문이다. 그래서 깨달음의 공부는 모르고 믿는 믿음으로 시작해서 확실하게 알고 믿는 믿음으로 정진해 나가는 일이다.

견성(깨달음)을 체험하는 일은 어느 날 갑자기 오는 것 같지만 그렇지는 않다. 깨닫는 그 자체는 인연(시절인연) 따라 갑자기 오는 것이 맞는 말이지만, 그 인연이 오기까지 많은 노력을 필요로 하고 이로써 원리에 대한 확신의 정도가 점차 상승되다가 그 기운이 특별한 계기를 맞아 대폭발을 일으키는 것이다.

원효대사께서는 '일체유심조'라는 말을 깨달음을 얻기 이전부터 너무나 잘 이해하고 있었다. 그러나 캄캄한 밤에 모르고 너무나 맛있게 먹었던 그 물이 아침이 밝아 해골에 담겨져 있었던 물이라는 사실을 알고 구역질을 한 다음, 이것이 동기(시절인연)가 되어 크게 깨달음을 얻었던 것이다. 이것이 이해와 체험(체득, 증득)의 차이다. 이해하는 것은 실천할 수 있는 힘(법력, 믿음)이 약하지만 체득(깨달음)한 다음에는 불퇴전의 믿음으로 법력이 매우 강력해진다. 이 법력으로 모든 업력을 끊어 낼 수 있다.

깨달음을 얻기 이전에는 내 생각(아상, 고정관념)에 갇혀 모든 것을 내 생각(주관적)으로 만들어 봄으로써(일체유심조) 분별하고 차별하였기 때문에 있는 그대로의 진실을 보지 못하다가 오늘 마음의 문이 활짝 열리면서 만상은 있는 그대로 둘이 아니고 다르지 않다는 본질을 꿰뚫어 확실하게 아는 순간 그동안 '나다(자아, 유아)'라고 하는 자아의식이 타파되고 드디어 '무아'를 체득하게 된 것이다. 이로써 지금까지 '나'를 지키려는 마음의 문(이기심)이 열리고 '동체자비'의 길이 열린 것이다. 이것은 어떤 선정수행을 통해서 되는 것이 아니라 원리를 정확히 꿰뚫어 볼 수 있는 지혜가 핵심이 된다는 것을 알 수 있다.

무명은 원리를 깨달아 내 생각만 소멸해 버리면 끝이 되는 일이다. 이것은 마치 꿈에서 깨어나는 것과 같으며, 캄캄한 방에 불을 켜는 것과 같다. 이 깨달음은 선정에 드는 명상수행으로서만 이룰 수 있다는 고정관념(전통)에서 벗어나지 못하면 지혜를 완성해 모든 것으로부터 자유로워지는 해탈의 길로 가기에는 절대 역부족이다. 작금의 수행자들을 잘 살펴보라. 그들이 과연 어떠한 길로 가고 있는지를? 명상수행의 궁극은 자아를 소멸하고 진아와 계합하는 데 있다. 진아와 계합한다는 말은 내가(주관적 자아) 소멸(무아)한다는 말이기 때문에 나를 위해 필요한 것은 아무것도 없어진다는 의미다. 다만 생존에 필요한 것을 제외하고는 아무리 많은 것을 소유하고 있어도 내 것으로 생각하지 않아야 하고(무소유) 보살행(육바라밀)을 본분사로 삼아야 한다. 이러한 수행자가 너무나 찾아보기 어렵다는 것은 오늘날의 수행체계에 문제점이 많다는 가장 확실한 증거일 수밖에 없다.

나를 소멸한다는 뜻은 한시적으로 존재하는 나를 없앤다는 말이 아니라 내 생각을 죽이고 본래의 자리(진여의 성품)를 회복한다는 의미다. 깨치고 나면 나라고 하는 고정불변의 것은 우주 어디에도 본래 없었다는 진실을 확실하게 알게 된다. 그러나 본체(본질)가 없다는 뜻은 아니다. 모든 것의 본체는 진여다. 진여는 눈으로 볼 수도 없고 체험할 수는 없지만, 항상 나를 비롯한 만상과 여여如如하게 있다. 그래서 만상은 진여와 분리시킬 수 없는 것이다. 번뇌, 즉 보리라 하고, 중생이 부처라 하고, 생사와 열반이 다르지 않다고 하지 않은가. 무슨 일이 벌어져도 그 속에 나는 없다는 것이 무심無心이다. 사람들은 누구나 나를 인식한다. 그러나 무심에 '나'라는 것은 없다. 무심은 무념無念, 무상無相, 무주無住이기 때문이다. 바라는 마음이 없어야 무심이고 바라는 마음은 내(자아)가 있기 때문에 일어난다.

원리를 깨달아 지혜가 발현되고 수행력이 깊어질수록 '나'에 대한 집착은 흐려지기 때문에 그동안 '나'를 둘러싸고 있던 자존심, 명예심, 남에게 인정받으려는 마음, 나만을 위하는 이기심 등도 함께 흐려지다가 어느 날 홀연히 '나'라고 하는 주관과 '너'라고 하는 객관(대상, 경계)이 하나로 통합되면서 모든 바라는 마음은 사라지고, 마음은 원리(진리)에 대한 확신으로 가득 차게 됨으로써 마음의 문이 활짝 열리고 어디에도 걸림이 없는 진정한 대 자유인인 해탈의 길로 들어서게 된다.

진정한 자유, 즉 해탈이란? 나를 둘러싸고 있던 모든 것들은 인간에 의해 만들어졌을 뿐 본래의 자리(진여)에는 어떠한 분별도 본래 없었다는 진실을 확연히 깨치는 경지다. 다시 말해서 진여에는 어떠한 것도 붙을 수 없다는 말이기 때문에 어쩔 수 없이 '공空'이라 이름 했을 뿐이다.

해탈을 하면 '나'라는 것이 없다. 그래서 더 이상 무엇을 해야 할 내가 없기 때문에 기도나 명상을 해야 할 나도 없다. 다만 무엇을 하던 삶의 찌꺼기를 남기지 않는 무심의 행行만 있을 뿐이다. 해탈은 진여의 성품과 나의 성품이 같아지는 일이다.

중도다.

명상(선정, 기도, 칭명염불稱名念佛 등) 중심의 수행과 원리를 깨달아 지혜를 완성하고 보살행을 하는 수행의 차이를 확실하게 아는 것은 깨달음의 세계(모든 종교)의 미래를 위해 매우 중요하기 때문에 둘을 비교해 다시 정리해 본다.

명상중심의 수행은 인도의 수행법에 바탕을 둔 것이다. 인도의 『우파니샤드(베단타 학파)』에서는 생사를 넘어서 영원히 존재하는 개인적 원리로서의 실체로 '아트만ātman(초월적인 자아)'이 존재한다고 여겨졌다. 따라서 '아트만'이 세상 전체에 펴져 있는 우주적 영혼이자 우주의 근본원리인 '브라만Brahman, (범천梵天, 바라문婆羅門)'과 궁극적으로 하나이며 동일하다는 '범아일여梵我一如' 사상을 내세웠기 때문에 명상은 이로써 비롯되었다. 그러나 브라

만은 진여와 그 의미가 같기 때문에 아트만과 동일시하는 것은 있을 수 없는 일이다. 특히, 부처님께서는 깊은 사색을 통해 '연기緣起의 진리'를 깨달으시고 고정불변의 자성을 가진 존재는 있을 수 없다는 '무아無我(비아非我)'의 입장이므로 '아트만' 자체를 부정하셨다.

따라서 어떠한 경우에도 진여를 구체화시키면 그것은 이미 진여가 아니다. '법을 법이라 하면 그것은 이미 법이 아니다.'라는 말이다. 기독교의 하나님(하느님)이나 종교에서 말하는 신神을 진여의 다른 이름이라고 필자가 말하는 것도 의미적으로만 같다는 것일 뿐 실체화하면 안 된다. 진여는 실체가 없는 진공眞空이기 때문이다.

명상의 궁극에 들어 일어나는 모든 생각이 제거되면 순수의식만 남는다. 이것은 '나(자아, 주관)'라는 몸이 사라지고 바깥대상(객관, 경계)이 사라지면, 남는 것은 허공만 남는다. 이때 체험되어지는 순수의식(선정, 멸진정)을 '참 나(진아眞我)'라 이름하고 순수의식과 우주의식(역동적인 에너지의 알아차림과 작용)이 똑같다는 개념 때문에 신인합일神人合一 또는 범아일여梵我一如라는 사상이 만들어졌고 이로 인해 명상수행이 주류를 이루게 된 것이다.

하나의 개체가 명상을 통해 체험하는 순수의식이라는 것은 마음의 본체(진여) 앞에 나타난 '고요한 대상'이기 때문에 '시끄러운 대상'의 상대적인 것일 뿐 같은 것이다. 중요한 사실은 진여는 개체의 의식 속에서 체험되거나 감지되는 것이 아니라는 점이다. 인간의 인식체계는 '나'라고 하는 자아의식으로 만들어졌기 때문에 그 자체로 오염된 것이다. 그래서 부처님께서는 인간에 의해 만들어진 모든 관념(개념)으로부터 벗어나면 비로소 해탈의 경지에 오를 수 있다고 하셨다.

이것이 내 생각(아상)을 죽인 무심이다.

해탈을 다르게 표현한다면 자기가 자기를 인식할 수 없는 바로 그 자리다. 이것이 불성佛性, 즉 본래의 자리다. 다시 말해서 '나'라고 할 만한 고정불변의 자성이 없는(무자성無自性) 그것이다. 그래서 무엇이라고 말하는 순간 그것은 이미 아니라는 말이다.

인도의 명상수행에서 말하는 순수의식에는 그것을 체험하는 '나'가 있으나 부처님(불교)의 수행에는 체험하는 '나'가 사라져 나의 지식(내 생각, 알음알이, 무명無明)이 만든 모든 관념의 속박으로부터 풀려남으로써 자유롭게 된 것을 해탈이라 한다.

인도의 명상수행법은 색계色界의 4선정禪定(제1선정~제4선정)

과 무색계無色界의 사무색정四無色定(제5선정 공무변처정空無邊處定, 제6선정 식무변처정識無邊處定, 제7선정 무소유처정無所有處定, 제8선정 비상비비상처정非想非非想處定)을 합한 '사선팔정四禪八定'으로 요약할 수 있다.

인도수행의 궁극인 비상비비상처정에 들면 의식은 깨어 있지만 일체가 끊어져 있어 생각을 전혀 굴릴 수가 없기 때문에 번뇌 자체가 일어날 수 없다. 따라서 고요하고 편안하며, 은은한 즐거움이 있다.

명상수행의 문제점은 인위적인 것이기 때문에 명상수행자의 몸(뇌)에서 일어나는 생리적인 현상이므로 명상 속에 잠겨있을 때는 일체의 모든 것이 끊어져 우주와 내가 하나 되는 특이한 상태에 머물 수는 있지만, 인위적인 상태는 영원할 수 없으므로 언젠가는 현실세계로 돌아올 수밖에 없다. 따라서 또다시 일어나는 번뇌를 일어나지 않게 하려면 명상 속으로 들어가야 하는 악순환이 계속 반복된다.

명상으로 고요하고 편안하며, 안락한 즐거움을 맛보기 전에는 번뇌 망상이 일어나면 싸우고 견디면서 살아왔지만, 이제는 명상의 편안함을 알았기 때문에 그것과 싸우지 않고 고통스러운 현실을 피해 은둔자의 길로 들어가게 된다.

명상만으로는 번뇌(생각)의 근원을 제거하기 어렵기 때문이다. 번뇌 망상은 우리들의 마음에서 일어나는 생각이다. 생각은 살아있는 이상 없어지지 않는다. 생각이 없어지면 그것은 죽은 사람이다. 생각이 일어나는 것을 없애는 것이 수행이 아니라는 사실을 분명하게 알아야 한다. 무슨 생각이 일어나든 일어나는 생각과 싸우지 않고 다만 알아차리고 생각을 다스리고(내려놓고, 치심법) 잘 쓰면 되는 일(용심법, 지혜, 무심)이다.

어떤 문제가 발생했을 때 그 문제의 원인을 파악해서 그 원인을 해소시켜야 그 문제로부터 해방이 온다. 문제의 원인을 파악하려면 원리를 깨달아야 가장 정확하게 알 수 있다. 이것을 '정견正見'이라 한다. 명상은 자칫 문제를 해결하는 것이 아니라 문제로부터 도망가 버리는 결과를 낳게 된다.

명상으로 선정에 드는 것은 마치 커다란 돌로 풀을 돋아나지 못하게 눌러놓는 것과 같아서 돌을 치우면 눌려있던 풀은 다시 살아날 수밖에 없다. 부처님께서는 6년간의 고행을 통해 이러한 사실을 몸소 체험하셨기 때문에 지나친 고행을 그만두시고 보리수나무 아래 앉으신 다음 오직 깊은 사유(의심)를 통해 연기緣起의 진리(원리)를 깨달으신 것이다.

모든 존재는 연기관계로 그 존재가 가능하다는 우주의 진리를 깨달으시고 그동안 인도의 『우파니샤드(베단타 학파)』에서 주장하는 생사를 넘어서 영원히 존재하는 실체로 여겨졌던 영원불변하는 존재, 즉 개인의 본체인 아트만ātman(아我)은 있을 수 없다는 무아론無我論을 주장하셨기 때문에 범아일여(범아일체)사상으로부터 발생한 명상(선정)수행은 모든 고통으로부터 자유로워지는 대 자유인(해탈)의 경지에는 오를 수 없으므로 명상으로 인한 지나친 고행은 하지 말라고 당부하신 것이다. 그러나 이러한 사실을 잊고 지금까지도 명상을 위주로 깨달음의 세계의 궁극인 해탈의 길로 가려는 것은 매우 안타까운 일이다.

- 견성이란 구체적으로 어떤 상태인가? -
〈화엄사 강원 강주 종곡 스님 글 참고〉

07장

명상과 금강신金剛身(법신法身)

깨달음의 세계에는 본래 항상恒常한 것과 인위적인 것이 있다. 본래 항상한 것(진여, 진리)은 어떠한 것에도 다 해당되고(보편적) 어디에도 딱 들어맞는 것(타당성)이다. 인위적인 것은 인간에 의해 만들어졌기 때문에 인간에게만 해당된다. 깨닫는다는 말은 영성의 차원을 높이는 일이다. 영성의 차원을 높이기 위해서는 만상의 근원인 진여(참 나)를 확실하게 알아야 한다. 그러나 진여는 본래 항상한 것이어서 인간의 어떠한 개념도 붙을 수 없다. 따라서 필자는 종교와 명상도 인위적인 것이라는 결론에 이르게 되어 깨달음의 조건에서 종교와 명상마저도 배제하게 된 것이다. 종교와 명상은 인간에게만 해당되기 때문이다. 다시 말해서 '보편타당성'이 없다는 말이다. 뜰 앞의 잣나무는 늘 무심의 명상 가운데 있으면서 생명활동에 최선을 다하고 있으며, 뒷산에 있는 바위는 수만 년을 꼼짝도 하지 않고 그 자리에 있다. 그리고 그들에게는 종교란 없다.

'유마거사'가 명상에 들어 있는 비구比丘bhikkhu에게 일침을 가한 것도 이러한 까닭에서다.

깨달음의 세계에는 수많은 가르침이 있다. 그러나 원리(진여의 성품, 진리)를 깊게(확실하게) 깨닫지 못한 사람들이나 전통적(고전)으로 내려오는 것이라 해서 무조건 믿고 그대로 따라 하는 것이 일반적이어서 무엇이 진여의 길로 가는 올바른 길(지름길)인지를 알기가 매우 어렵다. 그중에서 가장 대표적인 것은 진여에 대해서는 인간의 어떠한 개념도 붙이지 못하게 함으로써 올바른 이해가 어려워 명상으로 진여와 합일습一하려는 것이 전통으로 굳어진 것이다. 이러한 이유로 명상에 관련된 가르침이 너무나 많아서 명상으로부터 벗어나면 많은 시간을 절약할 수 있게 된다.

원리에 대한 가르침도 무수하게 많으나 그 핵심 내용만을 간추려 쉽게 설명하면 너무나 간결해진다. 그러나 그 많은 가르침은 이 원리를 벗어나지 않는다. 깊은 명상을 하지 않고 원리를 확연하게 깨쳐 회통(중도를 정등각하는 일)을 하고 '완성된 중도의 지혜(무심)'로 세상을 널리 이익되게 하는 삶(보살행)이 끊임없이 이루어지면 그것으로 영성의 차원을 높이는 일은 충분하다.

진여를 가장 깊게 이해하려면 만상은 진여로부터 나왔기 때문에 진여 아닌 것이 없다는 진실과 진여에는 어떠한 것도 갖다 붙이면 안 된다는 진실이다. 따라서 명상을 통해 참 나를 경험(찾으려 하는 일)하려 한다거나 명상을 통해 진여와 자아(나)가 똑같아지려는 생각을 하면 안 된다. 이렇게 되면 명상으로부터 자유로워지기는 불가능하다. 진여는 수많은 우주(다중우주, 거품우주)를 만들어내고 그것을 운영하는 에너지이기 때문에 우리가 어떠한 것으로도 직접 경험할 수 있는 것이 아니다. 진여에는 오직 알아차림(전지全知)과 움직이는 작용(전능全能)만 있을 뿐 텅 비어 있다. 다만, 인간이 할 수 있는 일은 진여의 성품을 깨닫고 개개인이 지니고 있는 업식業識(업의 작용)을 되돌려 진여의 성품을 회복하는 일이다. 이것을 자아와 진아가 계합(하나 됨)하는 일이라고 명상가들이 말을 했을 뿐이다.

명상의 궁극인 멸진정에서의 고요함(공空)을 진여의 텅 빈 상태(공)와 동일하다고 생각하는 데서 수행이 어긋나기 시작한 것이다. 진여는 텅 빈 상태에서도 다 알아차리고 다 만들어내는 작용을 하지만 멸진정의 상태에서는 우주와 완전하게 분리된 상태여서 아무것도 할 수 없는 상태가 된다. 다만 호흡만 끊어지지 않은 상태다.

이 사실을 부처님께서 지적하셨지만 우리는 지금까지 어기고 있었던 것이다. 명상이 보살행을 하는 데 있어 차선책은 될 수 있을지는 몰라도 최선책은 아니라는 말이다.

특히, 기독교에서는 진여를 실체화하여 그 이름을 하나님(하느님)이라 하고 실존하는 것으로 삼았기 때문에 수많은 분쟁을 일으키고 있는 현실이다.

우리 몸 안에는 누구나 에너지체(기氣)가 있다. 이것이 '금강신金剛身'의 재료다. 에너지체가 있기 때문에 경락에 침을 놓을 수 있으며, 경락을 바탕으로 하는 몸을 에너지체라 하고 혈관을 바탕으로 한 몸을 육체라 한다. '금강신'이란? ① 불변하는 진리 그 자체 ② 모든 분별과 번뇌를 깨뜨려 버린 주체 ③ 마음이 견고하여 어떠한 것에도 흔들리지 않는 주체 ④ 부처의 육신을 이르는 말이다.

- 출처: 시공 불교사전 -

진여는 본래 부처요, 본래 하나님(하느님)이요, 본래 중도요, 본래 해탈이고 본래 무심이기 때문에 진여에는 그 어떠한 것도 붙을 수 없다고 부처님께서 말씀하셨고, 그래서 명상으로 부처(진여, 진리)를 얻으려 하지 말라고 하신 가르침을 우리는 놓치고 있는 것이다. 부처님께서는 '연기의 진리(원리)'를 깨달으신 것이다. 부처님께서는 결코 명상으로 금강신을 만드신 일이 없었다. 다만 세상을 널리 이롭게 하고 고통으로부터 자유로워지는(해탈) 정신적인 차원이 높아짐으로 해서 금강신(고차원의 몸)이 되셨을 뿐이다.

여기에 대한 가장 확실한 부처님의 대답은『금강경 사구게金剛經 四句偈』에 잘 드러나 있다.

① 제1구게: 범소유상 개시허망 약견제상비상 즉견여래(凡所有相 皆是虛妄 若見諸相非相 卽見如來)—무릇 있는 바 모든 것(유상)은 모두가 다 허망한 것이니 만약 모든 형상을 형상이 아님을 본다면 이는 곧 여래를 보리라(제5 여리실견분如理實見分).

[무상공無常空과 연기공緣起空, 즉 공空을 보면 여래를 본다는 말이다.]

② 제2구게: 불응주색생심 불응주성향미촉법생심 응무소주이생기심(不應住色生心 不應住聲香味觸法生心 應無所住 而生其心)—응당 색(경계, 대상, 여건, 조건, 인연)에 머물러서 마음을 내지 말며, 응

당 성·향·미·촉·법도 이와 같으니, 응당 머무는 바 없이 그 마음을 낼 지니라(제10 장엄정토분莊嚴淨土分).

[어디에도 집착하지 않으면 어떠한 경계(인연)에도 걸리지 않는 무심無心(바라는 마음이 없는 마음)을 말한다.]

③ 제3구게: 약이색견아 이음성구아 시인행사도 불능견여래 (若以色見我 以音聲求我 是人行邪道 不能見如來)—만약 색신(모양, 물질)으로써 나를 보려 하거나 음성(소리)으로써 나를 구하려 하면(들으려 하면), 이 사람은 사도를 행하는 것이라. 능히 여래를 보지 못할 것이다(제26 법신비상분法身非相分).

[진여는 오직 알아차림(전지)과 움직이는 작용(전능)만 있을 뿐 텅 비어 있기 때문에 어떠한 것도 인위적으로 갖다 붙이지 말라는 말이다.]

④ 제4구게: 일체유위법 여몽환포영 여로역여전 응작여시관 (一切有爲法 如夢幻泡影 如露亦如電 應作如是觀)—일체의 함이 있는 법(현상계의 모든 생멸법)은 꿈이요 환상이요 물거품과 같고 그림자 같으며, 이슬과도 같고 또한 번개와도 같으니, 응당 이와 같이 관할지니라(제32 응화비진분應化非眞分).

[3차원 현상계의 생멸법은 진여의 작용인 인과법에 의해 인

연 따라 모이고 흩어지는 현상일 뿐 고정불변의 자성이 없고, 현상은 있으나 그것을 만들어 내는 독립된 주재자는 없다. 만상은 진여가 인연 따라 작용함으로써 나타나고 사라지기 때문이다. 마치 한 조각 구름처럼.]

법신法身이란? "석가모니의 진신眞身을 일컫는 말로서 이 '진신'은 덧없는 생사윤회生死輪廻의 지배를 받는 역사적 석가모니가 아니라, 항상 보편한 진리를 스스로 증득證得한 '영원의 몸'을 말한다."

- 출처: 두산백과 -

따라서 법신과 금강신은 같은 말이다.

여기서 법신이란? 깨달음의 궁극의 경지에 도달하여 진여의 성품으로 완전하게 되돌아간 사람이 3차원의 육신을 버렸을 때(죽음) 얻을 수 있는 고차원의 몸을 말한다. 이것이 곧 진여와 같다는 말은 아니다. 이때의 법신은 우주를 창조할 수 있는 진여의 능력은 없기 때문이다. 다만 자아의 성품이 진아(참 나)의 성품으로 바뀌었을 뿐이다.

결론적으로 말해서 우주만상은 진여로부터 나왔으나 어떠한 경우에도 진여 그 자체로 되돌아갈 수는 없다는 말이다. 다만 원리를 깨달아 진여의 성품을 회복함으로써 3차원의 육신이 고차원으로 바뀌는 것이다. 흔히 금성이 5차원의 세계라 하는데 이러한 곳을 지구인이 간다면 그곳을 극락 천국이라 할 것이다.

명상수행(호흡수련)으로 에너지체를 계발하여 자기만의 영원한 영적인 몸(청정환신淸淨幻身, 금강신, 8지보살, 색자재지色自在地)을 만들어 지수화풍地水火風을 자유자재로 부린다 할지라도 이것은 그 사람에게만 한정지어지는 몸일 뿐이다. 금강신은 육신을 취하고 버리는 것을 자유자재로 하기 때문에 여기 있는 성자들은 고차원의 세계(극락, 천국)에 계속 머물러 있는 것이 아니라 다른 행성에 태어나(나툰다) 보살행을 한다. 예수님, 부처님, 노자와 같은 성자가 여기에 속한다.

깨달음의 경지를 여러 단계로 구분하는 것은 그 사람의 깨달음의 실천능력이 어느 정도인가에 따라 나누어 놓은 것이기 때문에 별다른 큰 의미는 없다.

환신(금강신)은 2지부터는 약하지만 기본은 만들어진다. 3지

정도가 되면 금강신의 힘이 강해져 몸 밖으로 나갈 정도가 되어 독자적으로 행동할 수 있게 되는데 이것은 지수화풍^{地水火}風을 조작할 수 있다는 뜻이다. 4지, 5지에서 몸은 다 만들어진다. 그러나 아직은 정신이 보살행을 할 정도로 성숙하지 못하여 부정환신^{不淨幻身}이라 한다. 6지, 7지, 8지까지는 보살행을 할 수 있는 능력을 끌어 올리는 수행을 한다. 이것이 매우 중요한 사실이다. 결국, 환신의 문제가 아니라 보살행을 끊임없이 할 수 있는 힘이 얼마나 강하냐에 따라 그 등급이 결정되기 때문이다. 그래서 필자는 원리를 깨달아 중도를 정등각하는 길이 보살행으로 가는 지름길이라는 것이다.

결론적으로 금강신도 내가 만든 '업^業에너지'이기 때문에 진여의 에너지와 같을 수는 없다. 다만 진여의 무한한 가능성과 금강신은 가장 소통을 잘할 뿐이다.

금강신은 보살도의 실천 능력에 따라 등급과 차원이 있지만, 진여는 등급도 없고 무차원이다. 다시 말해서 진여는 인간이 몇 차원이라고 단정지어 말할 수 없다는 말이다. 등급이나 차원도 인간의 개념이기 때문이다.

08장

신앙생활과 깨달음(해탈)의 생활

신앙과 깨달음의 공통점은 '믿음'이다.

"믿음은 모든 공덕의 어머니다."라고 『화엄경』에서 말하고 있다.

신앙생활에서의 믿음은 진여의 성품인 원리를 잘 모르고 믿는 것이기 때문에 거의 무조건적인 믿음이다. 따라서 하나님, 부처님, 신神 등의 의지처가 있으므로 기도가 있다. 만약에 믿는 마음이 없다면 깨달음도 불가능하다. 믿는 마음이 없으면 원리에 대해 더 확실하게 알고자 하는 순수한 의심이 일어나지 않을 뿐만 아니라 개개인이 지니고 있는 알음알이(지식, 고정관념, 아상, 내 생각, 업식)로 헤아려 자기만의 해답을 얻어 따로 살림을 차리거나 설혹 깨달음을 얻었다 할지라도 중도를 체득하지 못함으로써 법상法相(잘못된 믿음)이 생겨 또 다른 자기만의 고정관념(우상, 이것만이 최고다.)이 만들어지게 된다. 따라서 진정한 믿음이란? 중도를 체득하고 실천하는 일이다. 중도는 대 화합(융합)이다.

중도를 체득하고 나면 나(주관)와 너(객관)의 모든 분별이 사라지고 일체가 하나로 되는 일원성(무아)으로 바뀌기 때문에 의지처가 사라진다. 의지처로부터 벗어나야 해탈의 도에 이르게 된다.

깨달음의 최종 목적은 해탈에 있다.

신앙생활에도 지나치게 집착하거나 신앙생활을 오래 하면 자기도 모르는 사이에 그것이 자기화(아상, 법상, 고정관념, 우상)되어 그것(종교)에 걸리게 된다. 무엇이든 하나만 알면 그것에 걸려 해탈을 하지 못한다. 따라서 한 스승이나 자기가 믿는 하나의 종교에만 집착하면 다른 종교나 다른 사람의 가르침과 부딪혀 분별하거나 차별하게 되어 해탈과는 영원히 멀어진다. 그러나 중도를 정등각正等覺한 스승을 만나면 오히려 그 한 사람만을 스승으로 삼는 것이 가장 좋다. 이유는 중도는 중도에도 머무르지 않으므로 중도만이 법상으로부터 자유로울 수 있기 때문이다.

해탈은 모든 것으로부터 자유로워지는 데 있다. 따라서 무엇이든 분별하면 안 된다. 해탈의 뜻을 분명하게 알고 처음부터 어디에도 걸리지 않는 연습(수행)을 해야 한다. 그러나 이것이 어렵다. 공부가 되어야 걸리지 않게 되고 걸리지 않아야 공부가 잘되기 때문이다.

'해탈은 모든 것으로부터 자유로워지는 것이다.'라는 말의 뜻은, 인간에 의해 만들어진 모든 것을 말하기 때문에 언어문자(언설상言說相, 명자상名字相)를 비롯해서 전통, 풍습, 윤리, 도덕, 종교, 신, 종교율법, 고전, 경전 등 어떠한 것에도 걸리면 안 된다. 다만 주어지는 인연(조건, 상황, 여건)에 가장 알맞게 대처할 수 있는 '완성된 중도의 지혜'만 있을 뿐이다. 그래서 '완성된 중도의 지혜'만이 '무유정법無有定法의 진리'에 어긋나지 않는다.

인생을 살아가면서 우리는 걸리는 것이 얼마나 많은가? 여기에 걸리고 저기에 걸리고 걸릴 것이 없으면 내가 생각으로 만든 것에도 걸린다. 걸리는 것이 많을수록 고통은 더 커진다.

걸리는 것(대상, 경계, 객관, 여건, 조건, 인연)이 없는 것을 해탈이라 한다고 해서 걸리는 것을 없애려고 하는 것은 없애려고 하는 그 생각에 걸려 영원히 해탈과는 멀어진다. 예를 들어 무소유가 좋다고 해서 무소유에 집착하면 무소유에 걸린다는 말이다. 걸리는 것이 있는 가운데 내 마음이 항상 조용하고 늘 만족하면 그것이 해탈이다. 이것이 '일체유심조一切唯心造'를 체득한 것이다.

'일체유심조'란? 무엇이든 내 마음대로 부릴 줄 아는 것을 말한다. 상반되는 이원성을 때(인연, 조건, 여건, 상황)에 따라 가장 적절하게(지혜롭게) 만들어 쓰는 것이다. 있으면 있어서 좋고 없으면 없어서 좋고, 좋아도 좋고 나빠도 좋고, 이러면 이래서 좋고 저러면 저래서 좋고, 산은 산이라서 좋고 물은 물이라서 좋고, 혼자 살면 자유로워 좋고 둘이 살면 외롭지 않아서 좋다. 이것이 깨달음의 생활이다. 신앙적인 생활(믿음)은 기도(의지처)를 하지 않으면 마음이 불안하기 쉽고 하는 일이 잘되면 시험에 들지 않으나 잘되지 않으면 시험에 들기 쉽다.

공부해서 원리를 깨치고 체득(실천)하는 수행을 하면, 자연스럽게 저절로 이루어지는 것이 해탈이다. 알음알이(지식)만 가지고 해탈해야지 하고 의식적으로 하면 힘만 들고 해탈과는 천리만리 멀어진다.

인간의 개념 중에서 가장 무서운 것은 믿음을 바탕으로 하는 종교다. 종교는 믿음을 바탕으로 삼기 때문에 옳고 그릇된 것을 벗어나 있다. 따라서 종교의 본질에 대한 깨달음이 부족한 무조건적인 신앙생활은 다수의 사람을 최면에 걸린 상태로 몰고 가 많은 부작용을 일으킨다. 인간에 의해 만들어진 종교는 인간의 개념이 들어가지 않을 수 없다. 인간의 개념이 들어가지 않은 것은 오직 항상한 진여(진리, 원리) 하나밖에 없다. 진여는 개념이 아니다. 따라서 진여에 대한 깨달음이 없이 무조건적으로 믿는 신앙은 스스로 무명無明(어리석음) 속으로 걸어 들어가는 것과 같다.

무명을 벗어나는 것이 깨달음이기 때문에 종교를 믿는 것은 나쁘지 않으나 무조건적인 신앙에 빠져 '내가 믿는 종교만이 최고다.'라는 생각에 다른 것을 배척하는 것은 세상을 혼란 속으로 빠지게 하는 원인이다. 그러나 지금은 너무나 많은 성직자가 세상에 물들어 있다. 진리는 어떠한 경우에도 세상에 물들지 않는다. 이것만이 오직 종교의 본질이 되어야 한다. 진여의 본성은 공空이다. 모든 것은 진여로부터 나왔다.

깨달음의 세계에서는 인간에 의해 만들어진 종교도 버려야할 대상일 뿐이다. 종교도 깨달음의 궁극인 해탈로 가는 것을 방해하기 때문이다. 진정한 종교는 이름이 없다. 다만 '자등명

明自燈 자귀의自歸依 법등명法燈明 법귀의法歸依'만이 있을 뿐이다. 이 말은 기독교의 '할렐루야', '아멘'과 그 의미가 같기 때문에 이 것 외의 다른 것은 다 버려야 한다. 그래야 종교로 인한 모든 분쟁이 사라지고 인류를 위한 진정한 종교가 될 것이다.

만약 부처님께서 살아서 돌아오신다면 지금의 종교에서 하고 있는 모든 행위가 과연 '자등명 자귀의 법등명 법귀의'에 얼마 나 부합하고 있을까? 하나님(예수님)과 부처님의 인류를 위한 위대한 가르침을 지금의 종교는 '신앙信仰'이라는 이름으로 교묘 하게 변질시켜, 너무나 많은 사람들에게 그들의 이익을 위해 집단최면을 걸어놓은 것은 아닌지 깊게 되돌아보아야 할 것이 다. 종교는 아무런 잘못이 없다. 다만, 그것을 추종하는 사람 들이 문제다.

원리를 깨달아 본래의 자리로 되돌아간다(중도를 체득하는 일) 는 말의 의미는, 내가 부처가 되고 하나님이 된다는 뜻과 같다.

　삶은 끊임없는 영적 수련을 통한 영적 상승을 위함이다. 이 때문에 지금 내가 살고 있는 바로 그 상황들이 영적 수련의 상황이며 따로 교회나 절에서 자신의 영적 수련을 할 필요가 없는 것이다. 대부분의 사람들이 교회나 절 그리고 사원 등을 따로 찾는 이유는 진실된 영적 상승을 위한 삶 속에서의 수행자의 모습이 아니며 오히려 자신만의 바람을 이루기 위한 비는 대상이 되었고 이 기적 행동들에서 나왔던 양심의 가책을 털어버리면 마음이 편해질 수 있을 거라 생각해 버리는 자기중심적 사고로서 종교를 이용하고 있을 뿐이다. 이 때문에 현재의 교회, 절, 사원들의 주 역할은 인간의 이러한 잘못된 생각을 수용하고 받아주는 역할들, 즉 죽음 이후에 천국을 가게 해달라거나 현재 삶에서 자신이 해왔던 죄를 대신 돈을 받고 사하여 주는 행위나 형식, 잘 되게 해달라고 비는 의타적이고 수동적인 마음을 더더욱 키우는 장으로서의 역할이 주가 되고 있는 실정이다. 그래서 이곳에서의 종교적 행위들이 내가 부처와 다르지 않고 신의 일부이며 오롯하게 완전한 존재임을 자각하는 데 매우 큰 방해가 되고 있다.

　만약 여러분이 교회나 절 사원 등에서의 종교생활을 그동안 위와 같이 해왔다면 일시적으로 마음의 안정과 평화를 찾을지는 모르겠으나, 언제 어디서나 무엇을 하고 있던 스스로의 완전한 영적/정신적 자유와 자기 의지를 가지고 살아가지 못한다. 본질이 무엇인지 우리가 누구이고 내가 누구인지에 대한 근본을 명확히 자각하는 것이 우선적으로 그 무엇보다 중요하다.

『금강경』의 사구게 중 "약이색견아 이음성구아 시인행사도 불능견여래": "나를 어떤 모습으로 찾으려 하거나 내 목소리를 들으려 하거나 눈으로 보려고 한다면 결코 여래를 볼 수 없을 것이다." 라고 하는 문장은 우리가 신이나 하나님(하느님)의 모습을 하나의 상으로 찾고 만들어서 거기에 자신의 죄를 없애달라고 빌고 지금 하는 일 잘 되게 해 달라고 바라고, 또한 그 대상을 통해서 육체적 죽음 이후에도 '제가 지옥에 떨어지지 말고 천국(극락)에 가게 해 달라.'고 하는 이런 행위를 절대로 하지 말라는 얘기다. 이래서는 결코 자신의 삶을 발전시킬 수 없으며, 영적 상승을 통한 소위 우리가 천국이라고 생각하는 차원으로 갈 수도 없으며, 무엇보다 스스로가 우주의 진리로 이루어진 오롯하고 완전한 존재임을 결코 자각할 수 없으며, 때문에 견성할 수 없는 상태로 계속 윤회적 삶을 살게 되는 것이다.

09장

공부와 수행

명상을 수행으로 생각하면 착각이다. 명상을 통해서는 원리를 깨달을 수 없기 때문에 해탈의 길로 가는 지혜가 발현되기는 어렵다. 수행이란 깨달음을 얻고 난 뒤 깨달음의 내용을 내 삶에 하나씩 활용해 나가는 지혜를 증장시키는 일이다. 깨닫고 난 뒤 내 인생이 행복해지고 내 주위가 밝아지지 않으면 그 깨달음은 아무런 이익이 없다. 그래서 부처님께서는 이미 2500년 전에 지나친 고행(명상)은 깨달음(해탈)에 큰 도움이 되지 못하니 하지 말라고 폐기 처분하셨다.

부처님께서 깨달으신 깨달음의 내용도 '연기緣起의 진리(원리, 연기법)'다. 생각해 보라. 어떻게 명상만으로 연기의 진리를 깨칠 수가 있겠는가? 그러나 아쉽게도 명상을 필연적인 수행(전통적인 수행)으로 잘못 알고 많은 사람들이 여기에 거의 모든 시간을 낭비하고 있으며, 더욱 우려스러운 일은 지나친 명상으로 인한 정신적으로 많은 부작용이 있음에도 불구하고 정작 본인들은 모르고 있다는 사실이다. 더구나 세상 사람들은 초인적인 고행으로 신비스러운 능력을 가진 사람들이 마치 깨달음의 세계에 들어간 것(도인)으로 착각하고 그 사람들에게 몰려든다는 사실이다.

해탈의 길로 들어가기 위해서는 반드시 원리를 깨치는 '공부'를 통해 무상, 연기, 무아, 무자성, 업의 순환을 하나로 회통시켜 지혜를 완성시키고 깨달음의 내용을 하나의 말로 집약시킨 무심(무념, 무상, 무주)을 끊임없이 실천하는 것을 '수행'의 길로 삼아야 할 것이다.

원리를 깨닫고 무심無心으로 살아가면 해결되지 않는 일은 없다. 모든 사람들이 가지고 있는 고통은 수없이 많으나 무심을 실천하는 일 하나로 다 해결된다. 깨달은 사람에게 묻지 마라! 묻고 답을 얻어 와도 실천하기가 하늘의 별 따기다. 무심을 익혀라! 그리하면 모든 고통으로부터 자유로워지는 해탈이다. 해탈을 할 수 없는 것으로 생각하지 마라! 될 때까지 하면 반드시 이루어진다. 될 때까지 해서 되지 않는 일은 이 세상에 하나도 없다. 하다가 그만두는 것이 포기고 그것이 실패다.

이번 생에 이루지 못하면 다음 생에 또 하라! 오르고 또 오르면 못 오를 나무는 없다. 이 세상에 공짜는 없다.

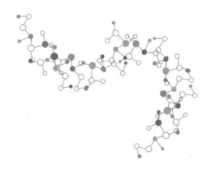

10장

원리를 응용함으로써 인생의 모든 문제를 하나의 열쇠로 다 해결할 수 있는 지혜 '무심無心'

우리가 살아가면서 누구나 공통적으로 겪는 생활 속의 고통의 문제를 원리를 통해 해결해 보자.

사람마다 겪는 고통의 종류는 헤아릴 수 없을 만큼 다양해서 그 해결책도 헤아릴 수 없이 많다. 그러나 원리를 깨달아 얻어지는 궁극의 지혜인 '무심'으로 행하면 어떠한 고통의 문제도 다 해결할 수 있기 때문에 '무심'이 단 하나의 열쇠다.

남자들은 평상시에 양말을 벗을 때 뒤집어서 벗는 사람이 많다. 이 사람이 혼자 살 때는 아무런 문제가 되지 않았지만, 결혼을 하게 되면 아내에게 이 문제로 잔소리를 듣게 되어 있다. 그러나 이렇게 오랫동안 습관으로 굳어진 것은 좀처럼 고쳐지기가 어려워서 결혼 뒤 10년, 20년, 30년, 아니 평생을 가도 이 문제로 다투면서 살아가는 것이 우리들 부부 사이다. 이것이 업業(습관)이다. 이러한 업은 그 종류가 매우 다양해서 성격, 기질, 성향 등 모든 사람이 배우고 익힌 것이 다 달라서 사람마다 다르다.

업의 순환원리를 모르면 서로 다른 것을 인정해 주지 않고 내 생각대로 상대방을 바꾸려고 한다. 내 생각은 옳고 상대방의 생각은 틀렸다고 생각하기 때문이다. 이것은 서로 마찬가지다.

그래서 수행은 상대방을 바꾸는 일이 아니라 늘 나를 바꾸는 일이다. 이것이 반조返照 수행이다.

남편이 부인의 말대로 양말을 바르게 벗든지 아니면 부인이 잔소리하지 말고 양말을 바르게 하거나 아니면 뒤집힌 그대로 세탁해서 그대로 주면 남편이 바르게 해서 신던지 하면 아무 일도 아닌 것을 이러한 사소한 일들이 쌓여 평생을 다투면서 살아가는 것이 우리네 인생이다. 얼마나 지혜롭지 못한 일인가?

서로 다르기 때문에 발생하는 고통의 문제를 해결하기 위해서는, 바라는 마음을 버리면 상대방을 내 생각대로 바꾸려고 하는 그 생각이 사라지기 때문에 집착하지 않으므로 상대방(대상, 경계, 객관, 여건, 조건, 인연, 상황)에게 내 인생이 끌려

다니지 않게 된다. 따라서 바라는 마음(욕심)을 내려놓게 되면 어떠한 경우에도 미워하는 마음이 일어나지 않게 된다.

이것이 무념無念, 무상無相, 무주無住를 말하는 무심無心이다.

무심으로 한다는 것은, 다만 그냥 본분사로서 최선을 다하는 것이다. 이것은 마치 길가의 풀이나 뜰 앞의 잣나무가 오직 생명활동(진여의 작용)만을 하면서 살아가고 있는 것과 같다.

무심에는 치심법治心法과 용심법用心法이 다 들어 있기 때문에 최상의 지혜(완성된 중도의 지혜, 아뇩다라삼먁삼보리)다.

정리 노트

원리를 머리로 깨우친 이후에는 반드시 실천적 수행이 따라야 한다. 진리의 개념을 이해하는 확실한 방법은 결국 스스로의 삶에서 깨우친 원리를 적용하여 직접 느껴보고 그것을 체득하는 연습(수행)이다.

내가 경험하고 배운 지식의 틀 안에서 어떤 상황을 판단하는 것 이상의 결과를 얻는 지혜로운 방법은 자신의 삶 속에 일어나는 모든 상황과 대상에 대하여 자신이 어떻게 대응하고 행동하는지를 스스로 관찰하는 것이다. 즉, 자신의 내면의 변화를 늘 살피는 방식이 습관화되는 것이다. 상황마다 일어나는 모든 것에 대한 나의 감정과 생각들을 스스로 바라볼 수 있다면 그것이 늘 깨어 있는 것이다. 당장 어떤 태도의 변화나 지혜로운 행동이 일어나지 않아도 좋다. 또는 그 당시에는 자신의 감정과 생각에 지배당하여 본래 당신의 영혼이 그 상황을 스스로 바라보지 못한다고 하더라도 조금 시간이 지나 감정의 폭풍이 지나고 나면 그때 그 상황을 돌이켜 보는 연습을 계속 꾸준히 해 나가야 한다.

인간관계의 상황에 대한 최상의 지혜는 어떤 상황이 일어나든 그 상황에 대한 자신의 생각/감정보다 이 상황이 왜 이렇게 일어나고 있는지에 대한 관점에서 자신의 생각이 먼저 작동하도록 하여 제3자의 관점에서 객관적으로 자신을 바라보는 연습을 끊임없이 하는 데서 나오는 결과다.

요약: 어떤 상황(경계)에 대하여 바로 내 생각과 감정의 기준으로 사리를 판단하는 것이 아니라 이런 상황들을 관찰할 수 있도록 생각하고 준비하여 상황(경계)을 알아차리는 연습이 습관이 되도록 만들어라.

위의 연습들이 지속적으로 반복이 되어 완전히 익어졌을 때, 자신도 모르는 사이에 자신의 생각은 상황에 대한 판단과 감정을 연결하는 데 중점을 두지 않고 그동안 우리가 많은 생을 반복하면서 쌓아왔던 무의식 차원과 연결되면서 매우 유연한 상황대응력과 판단력(지혜)을 가지게 된다. 무의식 차원의 정보는 본인의 생각과 감정의 틀을 벗어났을 때 연결될 수 있다.

이것은 마치 특정 문제를 풀어가는 데 있어 자신이 사용하는 컴퓨터에 저장된 정보만으로 문제를 푸는 것보다 지구에 존재하는 온라인과 연결된 컴퓨터의 저장된 정보를 인터넷 접속을 통하여 정보를 활용하여 문제를 푸는 것과 같다고 비유할 수 있다.

11장

치심법治心法과 용심법用心法

치심법과 용심법은 거의 같이 쓰이기는 하나 치심법이란? 마음을 다스려 고요하고 편안하게 하는 것(번뇌 망상이 없음)을 뜻하고, 용심법이란? 다스려진 마음을 실생활에 적용시켜 쓰는 법을 의미한다. 다시 말해서 치심법은 공부(깨달음)의 의미가 강하고 용심법은 수행(실천, 행行)의 의미가 강하다.

우리가 깨달음을 얻고자 하는 이유가 바로 여기에 있다.

치심법과 용심법은 나의 의지력意志力(의도적意圖的)으로는 조금의 성과는 있을지 몰라도 금방 한계에 다다르게 되고 인내심으로 참고 하면 오히려 한꺼번에 폭발하기가 쉽다. 그러나 원리를 하나씩 깨닫게 되면 깨달음에 비례해서 힘들이지 않고 자연스럽게 이루어지게 된다.

세상에는 행복으로 가는 비결, 삶에서 일어나는 많은 문제를 잘 해결할 수 있는 방법, 우리 아이 잘 키우는 방법, 부부간에 소통하는 방법 등 수많은 정보로 넘쳐난다. 그러나 어느 것 하나라도 '이렇게 하면 반드시 된다.'라고 하는 정해진 법(답)은 없다.

이것을 일러 '무유정법無有定法'이라 하고 이것이 진리다.

똑같은 병에 걸렸어도 어떤 사람은 이렇게 해서 잘 나았으나 어떤 사람은 똑같이 이렇게 해도 낫지 않는 것도 이러한 이유에서다. 만약에 고정불변의 정해진 법이 있다면 '일체유심조'도 성립될 수 없다. 독毒이라고 하는 고정불변의 정해신 성질이 있다면 조금 먹어도 죽어야 하고 많이 먹어도 죽어야 한다. 그러나 독도 알맞게 잘 쓰면 약이 된다.

이러한 이유는, 만상은 서로 주고받는 연기관계(상호작용, 상호의존성, 상호관계성, 상호보완성)로 그 존재가 가능하기 때문이다. 다시 말해서 좁게 보면 상멸相滅의 관계도 있으나 전체적으로 넓게 보면 상생相生의 관계로 연기되어 있다. 인간에게 해롭다고 해서 모든 것에 다 해로운 것은 아니다. 이것이 중도실상中道實相(실상중도實相中道)이다. 그래서 먹이사슬도 서로 먹고 먹히는 관계로 되어 있다. 연기의 진리와 무유정법이 서로 걸림이 없이 통하듯이 원리는 서로 걸림이 없이 통하게 되어 있다(회통). 따라서 원리와 서로 통하지 않는 것은 진리가 아니다.

　무유정법을 비롯한 무자성無自性, 무아無我, 공空, 중도中道 등은 무상無常과 연기緣起의 원리(진리)에서 파생되어 나온 말이다. 왜 이렇게 말하는지에 대한 자세한 설명은 여러분들의 깨달음의 공부(회통會通)에 도움을 주기 위해 여기서는 더 이상 풀어서 설명하지 않으니 필자의 저서 『양자물리학과 깨달음의 세계1, 2』 혹은 혜산이 운영하는 블로그의 글을 깊게 사유하기 바란다.

　정해진 법은 없다고 하는 무유정법이 진리이기 때문에 우리들의 삶의 문제를 해결하는 정해진 답도 또한 없다. 그래서 원리를 깨달아 발현發顯되는 '지혜智慧'가 그 답인데, '지혜'란? 그때그때 주어지는 인연에 가장 알맞게 적응함으로써 너와 나를 이익되게 하는 것이기 때문에 이것 역시 정해진 답은 없다.

　특히, 지혜는 깨달음을 얻는 것에 비례해서 생기기 때문에 원리를 깨닫는 공부를 하지 않고는 개개인이 지니고 있는 개념(생각)으로 자기식의 답을 만들어 문제를 해결하거나 아니면 종교나 상담(조언)을 통해 답을 얻고 실천에 옮겨 해결할 수밖에 없다. 그러나 문제는 좋은 답을 얻는다 할지라도 실천에 옮긴다는 것은 간단한 문제가 아니기 때문에 대부분의 경우 속 시원하게 해결되지 않는다. 따라서 지나고 나면 그때 이렇게 했었더라면 더 좋았을 것을 하면서 후회하고 괴로워한다.

치심법과 용심법의 결정판은 바로 '무심無心'이다. 무엇을 하든 무심으로 하는 것은 삶의 모든 문제를 해결하는 정해진 답이 아닌 답이다. 다만 무심을 실천하면 어떠한 문제도 다 해결함으로써 행복(해탈)으로 가는 열쇠의 역할을 한다.

무심은 '무념無念(번뇌 망상이 없음)', '무상無相(어떠한 것도 내 것으로 삼지 않음)' '무주無住(어디에도 집착하지 않아 걸림이 없음)' 이기 때문이다.

무심으로 마음을 다스리는 것이 '치심법'이고 무심으로 행行하는 것이 '용심법'이다. 이것이 가장 잘하는 일이고 가장 지혜로운 일이기 때문에 정해진 답은 아니나 이것만이 답이다.

무심이 해탈이고, 중도다!
무심을 깊게 참구해 보라!

우리들의 삶의 문제를 해결할 수 있는 수많은 정보는 세상에 너무나 많다. 그 많은 정보는 '무심' 하나로 통하지 않는 것이 없다.

원리를 깨달아 '무심'을 체득(증득)함으로써 발현되는 '완성된 중도의 지혜'로 세상을 살아가는 것이 유일한 답이다. 그러나 정해져 있는 답은 아니다. 완성된 중도의 지혜는 정해져 있는 답이 없다. 인연 따라 법을 다르게 쓰기 때문이다.

무심으로 한다는 것은, 바라는 '마음 없이(내려놓고) 그냥 최선을 다하는 것'이기 때문에 주어지는 결과에는 아무런 미련도 가지지 않는다. 무엇을 하든 무심으로 하게 되면 하는 과정에 늘 만족하기 때문에 주어지는 결과는 많이 생기든 적게 생기든 덤으로 생각하게 된다. 그러나 우리는 과정에는 관심이 없고 주어지는 결과에 늘 집착하기 때문에 이렇게 했으면 더 좋았을 것을 하고 후회를 하는 경우가 대부분이다.

우리가 과거를 돌이켜 볼 때, 그때 이렇게 했으면 더 좋았을 것을 하고 후회를 하거나 그 일에 집착하면 치심과 용심이 되지 않는다. 과거를 돌이켜 보는 것은 과거를 좋은 경험으로 삼아 지혜를 얻기 위해서다. 이것 외의 어떠한 것도 과거는 마음에 남기지 않아야 더 좋은 미래를 맞이할 수 있다. 그러나 우리는 안타깝게도 과거에 걸려 미래를 밝게 맞이하지 못한다.

과거는 이미 날아간 새이기 때문에 지금 내가 어떻게 할 수 없는 일이다. 미래는 아직 날아오지 않은 새이니 지금 잡을 수 없다. 지금 내가 잡을 수 있는 새는 오직 지금 내 앞에 날아와 있는 새(지금 내 앞에 벌어져 있는 일) 뿐이다. 오직 지금에 무심으로 살아가면 지금도 좋고 미래도 좋아지고 지나간 과거도 전화위복이 된다. 그래서 무심을 도道라 한다.

치심법과 용심법을 자유자재하게 쓰기 위해서는 반드시 우주의 경영원리인 인과법因果法(인연법因緣法)과 원리를 깨닫고 중도의 지혜를 완성시켜야 한다. 그리되면 모든 것은 자연스럽게 저절로 힘들이지 않고 이루어진다. 이것이 선행先行되지 않으면 세상은 고통스러운 날이 더 많게 된다.

이것이 '일체개고一切皆苦'의 의미다.

사람마다 지니고 있는 인연은 너무나 복잡하고 다양해서 비슷한 경우만 있을 뿐 똑같은 경우는 없기 때문에 정해진 답은 있을 수 없다. 더구나 주어진 여건(인연)은 당사자가 가장 정확하게 알 뿐 제3자는 정확하게 알 수도 없다. 따라서 가장 정확하게 알고 있는 당사자가 원리를 공부해서 깨달음을 얻고 발현되는 지혜(무심)로 해결할 수밖에 없다.

"내 인생을 바꿀 수 있는 사람은 오직 '나' 뿐이다. 이 일은 그 누구도 대신해 줄 수 없다."

12장

행복(만족)

작은 것에서 만족하라! 살아있다는 것보다 더 큰 행복은 없다.

불행도 행복도 살아있기 때문에 생기는 일이다. 행복한 가운데 불행이 있고 불행한 가운데 행복이 있다. 불행이 없으면 행복도 없고 행복이 없으면 불행도 없다. 무엇을 가지고 행복이라 할 수 있으며, 무엇을 가지고 불행이라 할 수 있겠느냐? 그래서 모든 것은 자성自性이 없고(무자성無自性) 공空한 것이다. 다만 모든 것은 네 마음이 짓는 것이다(일체유심조一切唯心造). 행복과 불행은 어디에 따로 있지 않다. 이것은 마치 더운 것이 있기 때문에 시원함을 알 수 있고 시원한 것이 있기 때문에 더운 것을 알 수 있는 것과 같아서 행복과 불행은 다르지 않아서 둘이 아니고 하나다. 모든 상반되는 것(이원성二元性)은 이와 같다. 상반되는 둘은 다만 연기緣起(인연因緣) 관계로 존재하고 있을 뿐이다.

추운 겨울날 창가에 앉아 들어오는 햇빛을 쬐면서 느끼는 행복감, 가을날 휘영청 밝은 달을 보면서 느끼는 행복감, 더운 여름날 불어오는 시원한 바람을 맞으며 느끼는 행복감 등은 돈으로도 그 어떠한 명예로도 이루어낼 수 없는 행복이다. 이러한 행복은 내 마음이 조용해야 비로소 누릴 수 있다. 작은 것으로부터 행복을 누릴 줄 알아야 한다. 돈과 명예로 얻어지는 행복은 진정한 행복이 아니다. 그것은 자칫 갑질이 되기 쉽다.

인생을 살면서 가장 중요한 것들은 다 공짜다. 다만 그것을 누리는 자의 몫이다.

진정으로 행복해지기 위해서는 원리를 깨달아야 가능해진다. 아무리 이론적으로 알고 의식적으로 행복해지려 해도 그것은 잠시일 뿐, 끊어지지 않는 행복(만족, 영원한 행복)은 결코 얻을 수 없다. 다시 말해서 해탈의 경지에 도달해야 가능하다는 말이다.

해탈은 원리를 공부해서 깨달음을 얻고 수행을 통해 깨달음의 내용을 실천하는 힘을 길러야 한다.

원리는 너무나 간결하고 단순해서 쉽기로 말하면 세수하다 자기 코 만지는 것보다 더 쉽다. 그러나 어렵기로 말하면 세상에 이것보다 더 어려운 것도 없다. 깨달음의 세계는 3차원을 떠난 4차원 이상 고차원이기 때문이다. 따라서 3차원으로 배우고 익혀 자기 것으로 삼고 있는 모든 알음알이, 고정관념, 지식, 아상我相, 자기 생각, 무명無明을 죽이면 된다. 다시 말해서 나를 죽이라는 말이다. 명상의 궁극도 자아自我를 완전하게 소멸하는 데 있다.

기독교에서 하나님(예수님, 성령)과 늘 함께하라는 것과 같다. 이것이 진정한 할렐루야(찬양), 아멘(순종, 복종)이다.

영원한 행복의 비결은 감사하라! 비교하지 마라! 다 사랑하라! 는 가르침을 실천하는 일이다.

13장

부분적인 것과 전체적인 것(전체와 부분의 관계)

부분을 보는 것은 차원이 낮은 것이요 전체를 보는 것은 차원이 높은 것이다. 깨달음이 높을수록 전체를 보고 깨달음이 낮을수록 부분을 본다. 3차원을 확실하게 알려면 3차원을 벗어나야(초월) 한다. 숲 속에서는 숲을 보지 못한다.

천동설이 세상을 지배했을 때는 모든 사람들이 부분을 보았기 때문이다. 우주선을 타고 지구로부터 점점 멀어지면 지구는 하나의 점에 불과하다.

부분을 깊게 들여다보면 전체를 다 알 수 있다. 그래서 "하나가 모두요 모두가 하나"라고 『화엄경』에서 말하고 있다. 의상대사의 『법성게法性偈』를 보라! "부분이 모여 전체를 이룬다. 부분이 연기되어 전체를 이룬다. 전체와 부분은 연기관계로 이루어진다."

14장

깨달음의 미래(회통, 줄탁동시啐啄同時)

진여는 거대한 에너지로서 모든 것을 다 알아차리고(전지全知) 알아차린 내용을 인연(조건, 여건, 상황) 따라 조금의 가식도 없이 작용함으로써 있는 그대로를 창조하는 능력(전능全能)을 지니고 있기 때문에 우주 만상은 진여로부터 비롯되었다.

진여는 우주가 생기기 이전부터 본래 항상恒常한 것이다. 따라서 진여에는 전후前後가 있을 수 없다. 다시 말해서 진여는 본래 항상한 것이어서 진여 이전의 것도 있을 수 없고 진여 이후의 것도 있을 수 없다는 말이다. 그러므로 빅뱅 이전에 있었던 것은 오직 진여뿐이다. 진여는 무시무종無始無終이며, 진여(법法, 진리, 하나님)에 대해서는 인간의 어떠한 개념도 붙을 수 없으므로 말을 하는 순간 이미 그르치는 것이 된다(개구즉착開口則錯). 진여의 전지전능한 능력은 너무나 깊고 오묘하고 복잡해서 어떠한 것으로도 정확하게 헤아릴 수 없다는 뜻이다.

오늘날 과학자(양자물리학자)들이 말하는 "우주 저 너머에는 인간이 알 수 없는 '거대한 그 무엇'이 있다."고 말한 '거대한 그 무엇'이 바로 진여다. 중국의 선불교에서는 '마음'이라고도 한다.

불교에서 말하는 "모든 것에는 불성佛性의 씨앗이 다 들어 있다."는 말은 진여의 알아차림과 작용은 어디에도 다 들어 있다는 말과 같다. 따라서 우리들이 하는 모든 것(행위)은 전지전능한 진여의 다른 모습이다.

부처님께서는 이미 2500년 전에 "깊은 명상(선정, 고행)은 해탈에 별 도움이 되지 못하니 하지 마."라고 하셨으나 불교에서는 '오직 마음뿐이다(유식唯識)', 또는 '일체유심조一切唯心造'라 하고 제8아뢰야식(마음)을 진여에 비유해서 말하기 때문에 명상을 수행의 요체로 삼게 된 것은 여기에서 비롯된 것일 뿐 명상으로 인해 일어나는 그 어떠한 현상도 진여 그 자체는 될 수 없다. 초기불교 경전에는 그 어느 곳에도 '마음'이라는 말은 단 한마디도 기록되어 있지 않다. 그러나 오늘날 '마음'이라는 말을 기독교의 '하나님(하느님)'처럼 모든 것에 적용시켜 사용하는 것은 수행자들을 혼동 속으로 몰아넣는 결과를 초래하고 있다.

진여의 본래 성품은 모든 것이 서로 주고받는 상호의존의 관계로 그 존재를 가능하게 하기 때문에 서로 분리되어 있으면서 인간의 눈으로는 확인되지 않는 소립자로 서로 연결되어 있는(화합, 융합, 양자 얽힘) 중도中道(무상無常, 연기緣起, 무자성無自性, 무아無我, 공空)다. 이로써 모든 것은 '나' 아닌 것이 없으므로 불교에서 말하는 '동체자비同體慈悲'는 연기의 진리에서 나온 말이다.

기독교에서는 "다 사랑하라, 원수를 사랑하라, 네 이웃을 네 몸과 같이 하라." 한 것도 연기의 진리에서 나온 말이다. 필자는 그 사람이 무슨 종교에 속해있는지? 어떤 수행을 했으며 깨달음의 경지가 어느 정도인지? 어떤 지위에 있는지? 등 어떠한 것도 보지 않는다. 다만 그 사람이 연기의 진리에서 나온 말을 어떻게 실천하고 있는지만 본다.

모든 것의 주재자主宰者는 진여이기 때문에 인연(연기) 따라 일어나는 현상은 있으나 그 하나의 현상만을 주재하는 고정불변의 독립된 주재자(아트만ātman)는 없다고 말할 수밖에 없다. 진여는 있기는 분명하게 있으나 확인할 수 있는 존재자로 존재하는 것은 아니기 때문이다.

그러나 기독교에서는 전지전능한 진여의 다른 이름으로 하나님(하느님)이라 하고 하나님을 확실한 존재자(아트만)로 구체화(실체화)하여 신격화하였으며, 이슬람을 비롯한 다른 종교에서도 이러한 형태로 종교의 이름도 다르게 한 것이 오늘날 지구 상에 존재하는 종교다. 이러한 종교의 진실을 바로 알지 못하는 어리석음으로 인해 역사적으로 종교로 인한 수많은 전쟁과 부작용(분쟁)이 지금까지 이어져 내려오고 있는 현실이다.

따라서 내가 무엇을 하여 좋은 성과를 이루었을 때 제일 먼저 '하나님께 감사한다.'는 말을 하거나, '신은 위대하다.'고 말하는 것이다. 내가 이룬 모든 것의 주재자는 바로 내가 아니라 진여(하나님, 알라, 신)에 의해서 이루어진 것이기 때문이다.

만상의 원리가 무상, 연기이기 때문에 무자성無自性이요 무아無我며 공空이라는 사실이 만고불변의 신리다. 이것 외의 다른 진리는 있을 수 없다. 그리고 우주는 인과因果(원인에 의한 결과의 나타남, 원인과 결과의 연기 관계)에 의해 한 치의 어김도 없이 경영(운영)되고 있다. 그래서 '내가 살아간다.', '내가 간다.'는 말도 3차원의 현상계에서는 맞는 말이나 깨달음의 세계에서는 성립될 수 없는 말이다. 살아가고 있는 나에서 살아가는 것과 나는 서로 분리할 수 없다. 가고 있는 나도 마찬가지다. 나라는 것이 어디에 따로 존재하고 있기 때문에 살아갈 수 있고, 걸어갈 수 있는 것은 아니다. '나'라는 존재는 임시적으로 가합된 상태이기 때문에 삶과 걸어감 가운데 '나'라는 존재는 연기관계로 존재할 수밖에 없으므로 이러한 명제는 성립될 수 없음을 부처님께서는 우리의 사고의 오류를 연기론으로 지적한 것이다.

현상계에서 일어나는 모든 현상은 원인에 의한 결과의 일어남(나타남, 드러남)만 있을 뿐 그 현상을 주재하는 독립된 주재자(주체)는 없다. 모든 것은 있는 그대로 다 공하기 때문이고 진여의 작용으로 인해 일어나기 때문이다.

무엇을 하든 '나'라는 개체를 붙들고 내가 주재자로서 한다고 생각하는 것을 벗어버려야 깨달음의 세계를 이해할 수 있다. 내가 하는 모든 것(行)은 진여의 작용이 하는 것일 뿐 독립된 '나'라는 것이 있어 그 '나'가 할 수 있는 것은 단 하나도 없다. 선善을 행하는 것도 악惡을 행하는 것도 다 진여의 알아차림과 작용으로 인해 일어나는 현상일 뿐 본래 진여에는 어떠한 분별도 차별도 없다. 모든 분별은 인간에 의해 만들어진 개념이기 때문이다.

인간에게는 안이비설신의眼耳鼻舌身意(6근根)라고 하는 여섯 가지 감각기관이 있고, 여기서 눈 귀 코 혀 몸의 다섯 감각기관과 이를 통솔하는 의근意根을 육근이라 하는데, 이에 대응하는 인식 대상을 색성향미촉법色聲香味觸法이라 하며, 이것을 육경六境(눈으로 보는 것, 귀로 듣는 것, 코로 냄새를 맡는 것, 입으로 맛을 아는 것, 몸으로 느끼는 것, 마음으로 아는 것)이라 한다.

다섯 개의 감각기관이 다섯 가지의 대상(인연)을 만나면 마음(생각)이 일어남으로써 안다(인식)는 말이다. 이때 이 모든 것들을 '나'라고 하는 것이 어디에 따로 있어 그것이 하는 것으로 착각하고 있다. 이 세상 어디에도 고정불변의 '나(ātman)'라고 하는 것은 있을 수 없다. 우리들이 '나'라고 생각하는 존재는 일시적으로 '나' 아닌 다른 요소가 결합된 것(비아非我)일 뿐이다. 이것은 인연이 다하면 본래대로 흩어진다(사死, 멸滅).

그렇다면 우리들의 현상계는 도대체 무엇이라는 말인가? 만상은 진여의 알아차림과 작용이 그 본질이다. 이 진실에서 깨달음의 세계의 모든 것들이 다 드러나기 때문에 다른 표현으로 여러 번 반복하는 것이다.

제자가 스승에게 묻는다.

"스승님 법(부처, 진여, 진리)이 무엇입니까?"

"뜰 앞의 잣나무다."

"똥 막대기다."

"길가의 풀이다."

"산속의 소나무다."

"차나 한잔하고 가시게."

"공양은 하였는가?"

"네."

"바루나 씻어라."

구지선사俱胝禪師는 법에 대해 구가 무어라 묻든 손가락 하나를 펴 보이는 것을 답으로 대신하였으며, 할, 봉, 권, 주장자 법문 등도 같은 것을 의미한다.

법이 무엇이냐고 물을 때는 선적禪的으로는 이렇게 말할 수밖에 없다. 진여는 말을 떠나 있기 때문에 진여의 알아차림과 작용으로 스승은 드러내 보이는 것이다. 여기서 곧장 알아차리면 '조사선祖師禪'이요, 콱 막혀 이 도대체 무슨 말인가? 하면서 깊게 참구해 들어가면 '간화선看話禪(화두선話頭禪)'이다.

"스승님 개에게도 불성이 있습니까?"

"없다(무無)."

"스승님 부처가 무엇입니까?"
"지금 물어보는 네가 바로 부처다."

"길동아!"
"네."
"거기 있네!" 등

　세상은 진여의 전지전능한 창조물이다. 존재의 성품은 무상하고 연기적인 관계로 되어 있기 때문에 한시적으로 가립假立(가합假合)된 상태다. 이것이 인간의 오온설五蘊說이다. 그래서 모든 것은 있는 그대로 공한 존재다. 이것은 깨달음의 세계에서 본 세상의 진실일 뿐이므로 한시적인 현상계를 부정해서는 안 된다. 3차원의 현상계(세간)에서는 '나'라는 존재는 생멸이 있고 분명하게 존재하고 있다. 우리가 원리를 공부해서 깨달음을 얻고 지혜를 활용하는 수행을 하는 이유는 지금 내가 평온(영원한 행복, 만족, 해탈)하고 만족하는 삶을 살아가기 위해서다.

　해탈이란? 모든 것으로부터 자유로워지는 것을 말한다. 이것을 흔히 초월한다고 말한다. 초월한다는 말을 모든 것을 벗어 난다고 의미를 새기면 자칫 모든 것을 버리고 떠난다는 의미로 새기기 쉽다. 이것은 해탈의 의미를 잘못 아는 것이다. 진정한 해탈의 의미는, 있는 그대로의 모든 것을 다 포용하면서(받아 들이면서) 인연 따라 가장 알맞게 쓰는 '완성된 중도의 지혜'를 이르는 말이다.

'완성된 중도의 지혜'를 쓰는 데는 어떠한 분별도 없다. 그래 서 어디에도 걸림이 없다. 모든 분별심, 바라는 마음 등은 다 '나'라는 것을 버리지 못함으로써 일어나는 일이다

탐진치貪瞋痴 삼독三毒을 버려야 해탈에 이른다고 한다. 그러나 우리들의 마음을 가만히 한번 들여다보라! 탐진치 삼독을 빼 고 나면 무엇이 있어 마음이라 할 것인가? 그래서 '번뇌즉보리 煩惱卽菩提'라 하고 '생사열반상공화生死涅槃常共和'라 하였다.

진여의 알아차림과 작용이 모든 것을 창조하였으며 가장 먼 저 만든 것이 바로 만상의 근본물질인 소립자다. 소립자는 인 연(조건, 여건, 상황) 따라 모이고 흩어지는 것을 끝도 없이 반 복하면서 모든 개체를 만들어 낸다. 이때 부분적으로는 먹고 먹히는 상멸相滅의 관계가 형성되나 전체적으로 보면 모든 것은 상생相生의 관계로 존재한다. 이것이 중도실상中道實相(어디에도 치

우치지 아니하는 중정中正의 道가 우주 만유의 진실한 모습이다. 실상중도實相中道)이다.

명상을 통해 뇌에서 일어나는 공空(멸진정, 선정)의 상태와 에너지(파동)의 역동적인 작용으로 가득 차 있는 진여의 텅 빈 공(진공眞空)의 상태를 같은 것으로 생각하는 데서 깨달음의 수행 체계에 있어서는 너무나 많은 차이로 벌어진다.

3조 승찬대사의 신심명에서 이르기를….

"지도무난至道無難 유혐간택唯嫌揀擇(지극한 도(궁극의 도)는 어렵지 않고 다만 분별망상만 꺼릴 뿐)

단막증애但莫憎愛 통연명백洞然明白(싫어하거나 좋아하는 생각만 없으면 밝게 드러나네)

호리유차毫釐有差 천지현격天地懸隔(털끝만큼이라도 분별하고 차별하는 생각이 남아있으면 하늘과 땅만큼 벌어지나니)"이라 하였다. 여기서 "호리유차 천지현격"의 의미를 필자는 이렇게도 새긴다. 깨달음의 세계에 들기 위해서는, 그 말이 새기는 의미를 깨달음을 통해 명확하게 새기지 못하면 공부와 수행의 방향이 하늘과 땅만큼 벌어진다는 뜻으로도 새긴다.

수행의 모든 오류가 이로써 발생한다. 명상에서 일어나는 일체의 현상은 우리들의 뇌에서 일어나는 하나의 생리적인 현상에 불과하다. 명상에서 일어나는 멸진정의 상태는 자율신경인 교감신경과 부교감신경에서 들어오는 모든 정보가 끊어져 내 생각이 생리적으로 완전하게 소멸(차단)되어 만들어진 공의 상태일 뿐 그것이 진여의 성품(원리)인 공의 상태는 아니라는 말이다. 선정은(명상, 삼매) 몸(뇌)에서 일어나는 특수한 하나의 상태에 불과하다는 뜻이다. 이것은 선정에서 깨어나면 또다시 고苦로 빠져들기 때문에 고로부터 영원하게 벗어나는 해탈을 제공하지는 못한다. 부처님께서는 이러한 진실을 체득하시고 보리수나무 아래에 앉아 깊은 사색(사유)에 들어 연기(patacca 의존하여+sam같이+uppada일어난다)의 진리를 깨달으신 것이다. 연기로부터 무아가 나온다.

자아는 죽여 소멸시키는 것이 아니다. 자아는 못 찾는 것이 아니라 본래 고정불변의 자아(아트만ātman)는 없다. 우리가 '나'라고 생각하는 육신(몸)은 3차원에서는 물질이지만 4차원 이상 고차원으로 올라갈수록 비물질에 가깝게 바뀐다. 원리를 깨닫고 수행을 통해 자아는 소멸시키는 것이 아니라 자아의 성품(업業)을 진여의 성품(중도中道)으로 되돌아가게 하는 일이다. 진여의 작용으로 한번 생겨난 것은 완전히 소멸되지는 않는다.

다만 인연 따라 흩어지고 인연 따라 모일 뿐이다. 이것은 마치 한 조각 구름이 모이고 흩어지는 것과 같다.

자아가 진여 그 자체와 같이 된다는 일은 어떠한 경우에도 있을 수 없다. 자아自我ego는 진여의 작용으로 만들어진 소립자가 인연 따라 모여 만들어진 하나의 개체이기 때문이다.

진여의 작용인 힘(기氣, 에너지)은 파동이다. 이 파동이 입자인 소립자를 만들어 낸다. 따라서 파동(공空)이 입자(색色, 물질)보다 먼저다. 만들어진 소립자는 입자와 파동의 상반되는 두 가지의 성질을 다 지니고 있기 때문에 하나의 말로 '파립자波粒子wavicle'라고 양자물리학자 '데이비드 봄'은 말하고 있다. 이때의 입자와 파동은 서로 상보적相補的(서로 모자란 부분을 보충하는 관계에 있는, 또는 그런 것)인 관계다.

인간은 물질(입자)인 색色(몸, 육신)과 비물질(파동)인 정신작용(수상행식受想行識), 즉 오온五蘊이 인연 따라 결합함으로써 하나의 개체로 완성된다. 오온의 근본물질은 다 소립자다. 그러나 육신은 입자의 성질을 지니고 정신작용은 파동의 성질을 지닌다.

오늘날 과학은 하나의 세포로 그 생명체와 똑같은 생명체를 그대로 복제하고 있다. 종교적으로나 윤리적으로 문제점이 있다 하여 막고 있기 때문에 실험하는 정도로 끝나지만, 마음만 먹으면 언제든지 인간도 대량으로 생산해낼 수 있다. 이러한 일이 가능한 것은 생명체를 구성하고 있는 수많은 세포 하나하나에 그 생명체의 모든 정보가 다 들어 있다는 말이다. 따라서 육신이 살아있는 이상 명상으로 그 사람의 모든 정보(업)를 다 소멸시킨다는 것은 불가능하다. 그래서 진인이 되기 위한 인도의 명상수행자들이 진인의 경지에 오르면 스스로 몸을 버리려 하는 가장 큰 이유다.

우리들이 살고 있는 3차원의 현상계에서는 글과 말로서 소통하며, 마치 내가 모든 것을 주관하는 주재자인 것처럼 착각하고 살아간다. 그러나 4차원 이상 고차원의 세계에서는 차원이 높아질수록 텔레파시로 소통하고 '발 없는 발로 길 없는 길을 갈 수 있게 된다.' 이것이 중도의 길이다.

3차원에서는 입자의 성질이 강하고 차원이 높아질수록 입자의 성질은 파동의 성질로 바뀌기 때문이다. 중도는 파동이다. 파동은 이것과 저것이 중첩重疊(혼재混在)되어 있다.

우리가 죽으면 소립자가 인연 따라 모여 가합된 상태로 만들어진 육신(색色, 몸)은 다시 본래의 모습(입자의 성질이 강한 소립자, 지수화풍地水火風)으로 흩어지고 정신작용(수상행식受想行識, 업業), 즉 영혼(귀신)은 파동(에너지)의 성질이 강한 소립자로 남아 다음 생(윤회)의 주체가 된다.

우리가 살고 있는 3차원의 현상계(지구, 물질계)에서는 천국이나 극락이 어디에 따로 있는 것이 아니라 개개인의 마음속에 있다는 말이 맞으나 금성과 같이 5차원의 세계가 따로 존재하고 있다는 것이 사실이라면 이것이 우리가 말하는 극락이나 천국이라 할 수 있을 것이다.

깨달음의 세계는 '나(자아)'를 죽여 소멸시킨 세계로서 피안彼岸(출세간出世間)의 세계라 한다. '나'라는 것, 즉 내가 과거 전생으로부터 지금까지 배우고 익혀 학습한 것이 무의식(제8아뢰야식)에 저장되어 내 것(업業)으로 삼고 있는 모든 것(아상我相, 고정관념, 내 생각, 알음알이, 지식)을 소멸시킴으로써 본래의 성품인 중도를 회복(되돌아감)했기 때문에 어떠한 개념도 가지지 않음으로 종교를 비롯한 모든 것은 하나로 통합(화합, 융합, 결합)된다. 이렇게 되는 과정은 차원을 높이는 일이기 때문에 입자의 성질에서 차원(깨달음)이 높아지면 높아질수록 파동의 성질로 바뀌게 된다. 다시 말해서 깨달음의 깊이가 깊어지면 깊어질수록 큰 입자에서 소립자로 바뀐다는 말이다. 이러한 사실은 외계인은 물론 외계를 여행하고 온 사람들이나 이 부분을 전문적으로 연구한 사람들이 공통적으로 하는 말이며, 깨달음의 원리에도 전혀 어긋나지 않을 뿐만 아니라 양자물리학(오늘날의 과학)에서도 하나씩 밝혀지고 있다. 그래서 필자는 앞으로의 믿음의 대상은 종교적인 것에서 과학적인 것으로 그 믿음의 대상이 바뀔 것이기 때문에 무조건적인 신앙의 형태는 점차 설 자리를 잃게 될 수밖에 없을 것이라고 통찰(직관)하는 것이다.

이러한 것들에 관련된 정보는 3차원을 벗어나 고차원에 관한 이야기가 많아서 이해하기가 어렵고, 그것을 경험한 사람이 극소수이어서 그 진위를 가리기가 쉽지 않다. 이러한 이유로 허황된 정보를 의도적으로 세상에 퍼트리고 이용함으로써 이목을 집중시켜 자신의 이익만을 목적으로 사용하는 사례가 많기 때문에 진실된 사실도 인정을 받기는 쉽지 않다.

부처님께서는 신神의 유무有無나 영혼의 문제와 같은 형이상학적인 명제에 대한 답변은 일절 말을 하지 않는 무기無記(기술할 수도 없고 설명할 수도 없다는 뜻, 침묵)로 그 답을 대신하셨다. 무어라고 말을 해도 이해를 하지 못하거나 말하는 자신만 이상한 사람으로 취급받을 것이 너무나 자명(自明)했기 때문이고, 설혹 상대방이 이해한다 할지라도 깨달음은 세상의 모든 고통(일체개고一切皆苦)으로부터 자유로워지는 해탈에 있으므로 현실을 벗어난 형이상학적인 명제는 해탈에 아무런 도움을 주지 못하기 때문이다. 따라서 부처님의 가르침은 철저하게 반 형이상학적이다.

지금의 여건은 지금으로부터 약 2500년 전 석가모니 부처님 당시의 과학을 비롯한 다른 모든 주어진 여건(인연, 조건, 상황)과는 상상도 할 수 없을 정도로 달라졌다. 20세기에 들어오면서 소립자의 이중성이 현상적으로 분명해지면서 본격적으로 발전하기 시작한 양자물리학(양자역학)은 형이상학(종교, 철학)과 형이하학(과학, 물질계)의 경계를 무너뜨림으로써 종교와 과학은 역사적으로 줄곧 평행선을 달려오다가 자연의 모든 현상을 더욱더 정확하게 설명하기 위해서는 종교와 과학이 하나로 힘을 합쳐 설명하는 것이 가장 좋다는 사실을 자각함으로써 가까워지기 시작하였다. 소립자의 세계는 형이하학적인 입자의 성질과 형이상학적인 파동의 성질이 동전의 양면처럼 상보적으로 존재하기 때문이다.

필자는 명상에 관련되는 것과 형이상학적인 것에 관련되는 사실을 통찰하고 기술하면서 천동설이 세상을 지배하고 있을 때 '코페르니쿠스Copernicus'의 지동설을 주장한 '갈릴레오 갈릴레이Galileo Galilei'가 종교재판에 회부되어 죽음을 눈앞에 두었을 때 죽음을 모면하기 위해 거짓으로 "천동설이 맞다."고 말하면서 "그래도 지구는 돌고 있다."고 중얼거렸던 그때의 심정과 2500년 전 '싯다르타 부처님'께서 말씀하신 "선정(명상, 삼매)에 들어 자아를 소멸시키기 위해 지나친 고행을 하는 것은 고통으로부터 자유로워지는 '해탈'에는 도움이 되지 않으니 하지 마라."고 당부하신 사실을 생각하면서 이것이 깨달음의 미래라고 확신하기에 후학들을 위해 이 책을 남긴다.

15장.

어째서 우리는 진여의 깨달음에 대해 글을 읽은 이후에도 무심의 삶을 살아가기가 어려운가?

마지막 정리 노트

가장 큰 원인은 인간은 각자의 육체에 종속되어 있기 때문이다. 인간은 기본적으로 무엇을 먹어야 살아갈 수 있으며 자신의 육체를 편하게 쉴 수 있도록 해 주는 공간(주거)의 문제가 마련이 되어야 한다. 이것은 물질 차원의 나를 지켜가기 위해 그동안 인간의 모든 삶의 방향이 여기에 맞추어져 있기 때문이다. 과거부터 현재까지 그러지 않았던 적은 한 번도 없었으며, 거기에 자신의 개인적 욕구 성취가 시대에 따라 보태졌을 뿐이다.

더 많은 돈을 벌고, 더 좋은 것(대상, 배우자, 물건)을 가지고, 자신이 사회적으로 더욱 더 위치와 권력을 가지려는 이유는 물질 세상의 육체적 관점에서 보자면 너무도 명확하다. 육체에 종속된 모든 인간은 그동안 자신의 안녕과 자신이 속한 집단(사회)의 번

영을 위해 끊임없이 도전하고 노력해 왔으며 투쟁해 왔다. 그것의 기준은 물질계의 나의 육체가 편하고 즐거워야 하며, 자신의 욕구를 충족시킬 수 있는 모든 것에 있다. 나의 유전자로 이어진 내 자식이 다른 자식들보다 조금이라도 더 잘되어야 하고, 그들과의 경쟁에서 앞서야 하는 것에 대한 부모의 마음 또한 곧 나의 욕망을 충족하고자 하는 것에 다름이 없다. 내가 낳은(또는 키운) 나의 자식이기 때문이다.

여기서의 나는 '철저하게 내 육체를 기반으로 하는 주관적 자아로서의 나'다. 우리는 이 '가아(주관적 자아, 거짓 나)'의 영화와 안녕을 위하여 엄청난 열정과 에너지를 일평생 쏟고 살아가지만 정작 이 모든 것을 주재하고 지켜보고 있는 진아(진여, 참나)의 작용에는 아무런 관심이 없다. 아니 죽기 전까지 인지조차 하지 못하고 평생을 사는 경우도 절대 적지 않다. 혹 머리로는 나의 주관적 자아를 죽이고 진아와 합일된 무심의 삶을 사는 것에 대하여 이해를 했다고 해도 자신의 일상에서 당장 나의 문제 그리고 내 가족의 문제를 놓고 부딪쳐 보면 아무리 진리를 깨닫고 나서도 몸이 이와는 정반대의 방향으로 본능적으로 반응을 하고 있는 자신을 발견하게 되는 것은 어려운 일이 아니다.

깨닫지 못한 사람들은 모두를 위한(나도 좋고 너도 좋은) 삶이 아닌 나만을 위한(나만 좋은) 삶에 내 의식의 초점이 강하게 맞춰져 있고 작용하게 되어 있고 이 의식이 강하면 모두가 함께 살아가는 삶에서 균형과 조화 배려와 화합의 지구적 삶에서의 한 단계 더 높은 삶의 수준으로 성장하는 것은 어렵다. 이런 측면에서 현재의 지구환경에 대한 문제와 국가 간의 문제, 한 국가 내에서의 정치와 문화 경제, 사회 문제들을 가만히 관찰해 보라. 현재의 이 모든 것은 누구 한 개인이 만든 것이 결코 아니며, 우리 모두가 함께 만들어온 결과의 산물이다.

내가 직접 관여하지 않았다고 해서 '나의 문제가 아니다.'는 어리석음은 이미 내가 나와 남을 구분하는 데서부터 시작하고 있는 깨닫지 못한 자신의 무지의 결과다. 그 무지가 지금의 지구적 상황에서의 나의 입장을 만든 것이다. 나와 남을 인간의 범위로만 해석하지 말고 나 이외의 모든 것으로 봐야 한다. 나는 우리 가족의 한 구성원으로 그들에게 얼마나 유익하게 공생하고 있는가? 나는 이 국가의 한 국민으로서 얼마나 유익하게 존재하고 있는가? 나는 이 지구에 얼마나 유익한 존재로서 공생하고 있는가? 자연의 입장에서 나는 어떤 존재로 살고 있는가? 타인의 입장에서 나는 얼마나 조화롭고 지혜롭게 살고 있는가? 과연 당신은 어떠한가?

위의 문제를 살펴보는 것은 결국 자신의 내면을 살펴야 하며, 이를 정말 깊이 살펴야 하는 이유는 결국 우리의 육체적인 삶은 유한하지만, 우리의 영적 삶은 무한하기 때문이다. 물질 차원의 육체에 내 영혼(정신)이 구속되어 있을 때, 그리고 인간으로서 존재할 때 우리는 영적으로 성장하고 더욱 성숙한 존재로 거듭날 수 있는 가장 좋은 기회를 얻고 있는 것이다. 이 소중한 기회를 육체의 종속적 삶에만 기준을 두고 살아간다면 영적 성장(해탈)의 기회는 점점 멀어지고 끊임없는 물질계의 육체적 구속이 반복되는 삶의 루프에 빠지게 되고 만다.

석가모니와 예수는 우리와 같이 지구에서의 육체를 가지고 살아가고 있었지만, 그들은 이미 수천 년 전에 물질계와 육체의 종속을 벗어난 형태와 정신을 자신의 삶에서의 실천으로 직접 보여 주었으며 지금까지도 우리에게 깨달음의 장에서 엄청난 패러다임을 던져주고 있다. 그들의 수많은 일화와 전해지는 얘기와 글들은 모두 본질적으로 우주의 진리와 합일되는 삶의 자세와 태도를 만들고 이것을 실천하는 것에 집중되어 있다.

그러나 대다수의 사람들은 수많은 경전과 성경의 글들을 읽거나 전해들을 때, 이 본질을 바로 이해하고 깨닫지 못하고 그 글의 의미 해석에만 매달리고 헤아리며 자기화하여 지식을 담아두듯 공부를 해 나간다. 그렇게 하면 모든 글과 말이 다 각자의 의미이고 해석이며, 하나의 본질로 회통이 되질 않으며 수많은 해석적 경우의 수만 머릿속에 가득 차게 되어 오히려 지혜의 발현에 방해가 될 뿐이다.

육체와 인간 감각의 구속에서도 그것을 그대로 가지면서 영적(정신적)으로 자유로워지고 성장하는 가장 빠른 방법이 이 책에 설명된 진여의 성품을 체득하고 무심으로서 자신의 삶의 문제들을 풀어가며, 그 과정에서 과거의 명상을 통한 수행 방법을 버리고 체득한 원리를 직접 내 삶에 끊임없이 녹여내는 과정만이 가장 빠르고 현재의 시대에 맞으며, 더욱 많은 이들이 실천할 수 있는 방법으로 제시하는 것이다.

이렇게 자신의 삶의 지향점이 바뀌어야만(의식의 전환) 우리의 행동은 달라질 수 있으며, 달라진 행동과 마음이 나 자신부터 바꾸고 자신의 주변을 바꾸는 힘을 주게 되며, 아직은 잘 알려지지 않은 영역으로의 의식 확장과 더불어 자신의 지속적인 영적 성장을 이끌 수 있게 된다. 이때 비로소 우리의 물질적 육체의 종속적 삶 속에서도 진정한 해탈이 이뤄질 수 있는 것이다.

양자물리학의 과학적 발전을 통해 깨달음의 영역에서의 진여에 대하여 새로운 시각으로 접근하여 더욱 많은 이들이 상식적이고 명확하게 개념을 잡을 수 있는 전기를 마련해 주었다. 또한, 과학적 해석을 바탕으로 아직 다 밝혀지고 증명되지 못한 차원과 영적 문제를 풀어 가는 데 인간의 의식 확장을 통한 새로운 영역의 접근을 할 수 있는 계기도 마련되었다. 무엇보다 이것이 과학적으로 밝혀지고 그렇지 않고와는 상관없이 이치적으로 우리의 삶의 지향점을 어디에 두어야 할지에 대하여 이 책을 통하여 조금의 모호함 없이 분명하게 제시해 놓았기 때문에 이 책의 마지막을 읽고 있는 당신에게 권하는 바는 이 공부를 실천하고 있는 동안 반복해서 앞의 내용을 다시 읽어보고 그 의미를 곱씹어 보라는 것이다. 이 책의 진짜 가치는 책을 통해 원리를 이해하고 그것을 지속적으로 반복하여 완전히 체득했을 때이다.

원리 공부에 이익이 되는 글들

필자가 운영하는 블로그를 통해 더 많은 글로서 반복 학습을 하면 공부에 도움이 될 것이다.

블로그 주소: https://blog.naver.com/yhaesan

블로그의 '옹달샘'에 실린 글들은 원리를 짧게 서로 비슷한 내용을 회통한 것이다. 따라서 같은 내용의 말을 표현만 서로 다르게 했으므로 반복되는 느낌이 강하게 들 것이다. 일상에서 반복적으로 한 것들은 개개인의 무의식에 저장되고 내 것(습관, 업, 고정관념, 아상)으로 고정되어 우리들의 의식을 지배한다. 따라서 이러한 것들을 바꾸기 위해서는 원리를 깨닫는 공부와 수행을 반복함으로써 법력法力(깨달음의 힘)이 강해져야 비로소 가능해진다. 이렇게 하는 공부가 매우 중요하다. 부처님께서는 진여의 성품인 원리(진리)를 개개인의 근기根機(듣는 사람의 이해 능력)에 가장 알맞게 드러내 보이셨다. 이것을 '대기설법對機說法'이라 하는데 이것은 마치 환자의 병에 맞추어 약을 처방해 주는 것과 같다. 그래서 진리는 간단하나 팔만사천법문으로 벌어진 것이다. 다시 말해서 그 사람의 근기에 따라 어떤 사람은 이 글과 인연이 되고 또 어떤 사람은 저 글과 인연이 깊게 된다는 말이다.

부처님의 설법은 때로는 서로 모순되는 점이 있는데, 그것은 개개인의 근기에 따라 그때그때 적절한 내용(처방)으로 해설했기 때문이다. 이러한 이유로 대승불교에서는 부처님의 교설을 방편으로 보아 여러 가지로 분류를 하는데, 그것이 곧 교판敎判(교상판석敎相判釋: 불교에서 교설敎說의 깊이나 특징에 따라서 판단하고 풀이하는 경전연구 방법)이다.

블로그의 '옹달샘'에 실린 글들은 깨달음의 세계를 공부한 여러 사람들이 원리를 바탕으로 각기 다르게 표현한 글의 내용을 원리가 다시 드러나게 하였으므로 원리를 깨치고 실천하는 데 있어 중요한 내용을 계속적으로 반복함으로써 무의식에 확실하게 저장되어 지혜로 쓰일 수 있도록 하였다. 다시 말해서 무상, 연기, 무아, 무자성, 무유정법, 인과법(인연법)의 순환,

일체유심조, 무심 등과 같은 깨달음의 핵심적인 내용을 계속적인 반복 학습을 통하여 나도 모르게(자연스럽게) 훈습(젖어들다)되도록 하였다.

인간의 가치 탐구와 표현 활동을 대상으로 하는 '인문학(인간의 가치와 관련된 제반 문제를 연구하는 학문)'이나 '자기계발'에 관한 어떠한 글도 원리를 바탕으로 한 것이기 때문에 이 글들을 확실하게 이해하고 깨달으면 고통에 부딪혔을 때 가장 지혜롭게 실천할 수 있는 법력法力이 최고로 증장되어 모든 문제를 어디에도 의지하지 않고 스스로의 힘으로 해결할 수 있다. 그러나 원리를 깨치지 못한 상태에서는 아무리 좋은 글을 읽고 감동을 받는다 할지라도 실천에 옮겨 해결하기란 쉽지 않다.

내용적으로는 쉽지 않은 글들로 구성되어 있으니 깊게 사유思惟를 하면서 읽어야 한다. 사유하고 또 사유하면 그것이 곧 화두를 참구하는 일(간화선, 화두선)이고 명상이다. 부처님께서 연기의 진리를 깨달으신 것도 명상을 벗어나 깊은 사유(사색思索)를 하셨기 때문이다. 이러한 이유로 같은 의미를 계속 반복하는 까닭이 여기에 있다. 공부와 수행을 통해 하나씩 확실해지면서 결국에는 하나로 회통되도록 하는 것이 이 글들의 궁극이다.

참고문헌

· 양자의학: 강길전, 홍달수 지음

· 자기계발과 선禪의 만남: 양철곤 지음

· 양자물리학과 깨달음의 세계: 양철곤 지음

· 나는 금성에서 왔다: 옴넥 오넥 지음, 목현·박찬호 공역

· 금성에서 온 여인: 옴넥 오넥 지음, 광솔光率옮김

· 무심無心— 나는 진아다: 데이비드 가드먼 지음, 대성 옮김

· 시간의 종말: 지두 크리슈나무르티, 데이비드 봄 공저, 성장현 옮김